Lecture Notes in Mathematics

Edited by A. Dold and B. Eckmann

Subseries: Scuola Normale Superiore, Pisa
Adviser: E. Vesentini

943

Vincenzo Ancona
Giuseppe Tomassini

Modifications Analytiques

Springer-Verlag
Berlin Heidelberg New York 1982

Auteurs

Vincenzo Ancona
Istituto Matematico "U.Dini", Università di Firenze
Viale Morgagni 67 A, 50139 Firenze, Italy

Giuseppe Tomassini
Scuola Normale Superiore
Piazza dei Cavalieri 7, 56100 Pisa, Italy

AMS Subject Classifications (1980): 14-XX, 32-XX

ISBN 3-540-11570-6 Springer-Verlag Berlin Heidelberg New York
ISBN 0-387-11570-6 Springer-Verlag New York Heidelberg Berlin

Printing and binding: Beltz Offsetdruck, Hemsbach/Bergstr.
2146/3140-543210

TABLE DES MATIERES

INTRODUCTION

Une <u>modification</u> d'espaces analytiques (ou de variétés algébriques) est un diagramme commutatif

$$\begin{array}{ccc} Y' & \xrightarrow{i} & X' \\ {\scriptstyle p}\downarrow & & \downarrow{\scriptstyle f} \\ Y & \xrightarrow{j} & X \end{array}$$

de morphismes d'espaces analytiques (ou de variétés algébriques) où p et f sont propres et surjectifs, i et j sont des plongements fermés et f induit un isomorphisme de $X' \setminus i(Y')$ sur $X \setminus j(Y)$.

Le problème de l'existence des modifications se pose de la manière suivante. Etant donné les diagrammes

$$\text{(C)}\quad \begin{array}{ccc} Y' & \xrightarrow{i} & X' \\ {\scriptstyle p}\downarrow & & \\ Y & & \end{array} \qquad\qquad \text{(D)}\quad \begin{array}{ccc} Y' & & \\ {\scriptstyle p}\downarrow & & \\ Y & \longrightarrow & X \end{array}$$

trouver sous quelles conditions

(C') il existe $X, j : Y \to X$ et $f : X' \to X$ tels que

$$\begin{array}{ccc} Y' & \xrightarrow{i} & X' \\ {\scriptstyle p}\downarrow & & \downarrow{\scriptstyle f} \\ Y & \xrightarrow{j} & X \end{array}$$

soit une modification (existence d'une contraction)

(D') il existe X', $i:Y' \longrightarrow X'$ et $f:X' \longrightarrow X$ tels que

$$\begin{array}{ccc} Y' & \xrightarrow{\ i\ } & X' \\ {\scriptstyle p}\downarrow & & \downarrow{\scriptstyle f} \\ Y & \xrightarrow{\ j\ } & X \end{array}$$

soit une modification (existence d'une dilatation).

Le but de ce livre est de donner une exposition des résultats principaux concernants la théorie des modifications analytiques (i.e. des modifications d'espaces analytiques) et les questions liées.

Le livre se compose de cinq chapitres, chacun desquels est précédé par une introduction. Ici donc nous nous bornons à rappeler très rapidement les étapes les plus significatives dans le développement de la théorie.

On peut dire que la théorie débute avec le travail fondamental de Castelnuovo et Enriques sur la théorie des surfaces algébriques ([29]), qui est née en géometrie algébrique en liaison avec le problème de la décomposition en produit d'éclatements des transformations birationnelles et de l'existence des modèles minimaux. Dans cette direction les résultats principaux ont été démontrés par Hironaka et Moišezon ([48], [68], [69]).

Dans le cas analytique le premier résultat sur l'existence des "contractions à un point" (i.e. Y est un point) est dû à Grauert ([40]) qui dégage la notion de négativité faible d'un fibré et qui démontre que la contraction de X' à X existe pourvu que le fibré normal de Y' dans X' soit faiblement négatif.

Le théorème d'existence des contractions dans le cas où $\dim_{\mathbb{C}} Y > 0$ est dû à Nakano (cas lisse) et Fujiki ([73], [38], [37]).

Mais déjà Moišezon avait étudié en détail le cas où Y',X' et Y étaient des variétés analytiques compactes connexes ayant le nombre maximal de fonctions méromorphes globales (variétés de Moišezon) ([68]).

Un autre cadre naturel pour l'étude des modifications est celui des espaces algébriques de M. Artin ([13], [58]). A M. Artin on doit la notion de modification formelle d'espaces algébriques (ou analytiques) formels et la démonstration de l'existence des modifications à partir de l'existence des modifications formelles ([15]) (la démonstration de la version analytique des théorèmes d'existence de Artin a constitué une des motivations principales des recherches des auteurs ([7])).

D'autre part Artin démontre aussi que la catégorie des espaces algébriques complets sur ℂ est équivalente à celle des espaces de Moišezon (théorème d'algébrisation) ainsi révélant que certains problèmes concernants les modifications analytiques sont, en fait, des problèmes de nature algébrique.

En effet, il existe un lien très étroit entre les modifications analytiques, les espaces de Moišezon (et les espaces algébriques sur ℂ). Les fibres d'une modification analytique sont des espaces de Moišezon donc des espaces algébriques et, réciproquement, tout espace de Moišezon peut se plonger comme "sous-espace exceptionnel" d'une modification ([8]). De plus on peut dégager une notion relative d'espace de Moišezon, de façon que si $f:(Y',X') \longrightarrow (Y,X)$ est une modification, X' est de Moišezon relativement à X et Y' est de Moišezon relativement à Y. Cette notion est due à Moišezon ([71]). On démontre alors un théorème d'algébrisation des espaces de Moišezon relatifs, analogue à celui de Artin et on trouve que toutes les modifications sont relativement algébrisables ([3]).

En utilisant ce théorème on peut faire une étude détaillée des faisceaux amples sur les espaces analytiques et démontrer le théorème de Fujiki en toute généralité (V, §3) ([4], [5]).

Nous nous sommes proposés, dans ce livre, de donner une description assez complète de tous ces faits et, dans le cas analytique d'exposer en détail les démonstrations des résultats les plus récents. Ce qui en résulte, il nous semble, c'est surtout qu'il existe un lien plus étroit qu'on peut l'imaginer au début entre l'étude des modifications analytiques et celui des modifications algébriques.

CHAPITRE I

GEOMETRIE ANALYTIQUE FORMELLE

Dans ce chapitre on rappelle les définitions et les faits généraux de la théorie des espaces analytiques formels et des algèbres analytiques formelles en renvoyant à [44] et [24] pour les détails.

Dans le dernier paragraphe on démontre un "théorème de rigidité" pour les algèbres analytiques formelles ([7]) qui sera à la base du théorème d'existence des modifications analytiques du chapitre IV.

§ 1. Espaces analytiques formels

1. Pour la théorie générale des espaces analytiques formels voir [44], [20], [24].

Soient $(X,\mathcal{O}_X)$ un espace analytique (sur $\mathbb{C}$), $Y \subset X$ un sous-espace analytique fermé défini par un $\mathcal{O}_X$-idéal cohérent $\mathcal{I}$ et $\mathcal{F}$ un $\mathcal{O}_X$-module cohérent. Notons $\hat{\mathcal{F}}$ la limite projective lim proj $\mathcal{F}/\mathcal{I}^k\mathcal{F}$ du système $\{\mathcal{F}/\mathcal{I}^k\mathcal{F}\}$, $k \in \mathbb{N}$.

La restriction de $\hat{\mathcal{F}}$ à Y, qu'on note encore $\hat{\mathcal{F}}$, est appelée le <u>complété formel</u> de $\mathcal{F}$ le long de Y. En particulier si $\mathcal{F} = \mathcal{O}_X$ on appelle <u>complété formel</u> de X le long de Y l'espace annelé $\hat{X}_{|Y} = (Y,\hat{\mathcal{O}}_X)$.

Si $x \in Y$, l'anneau local $\hat{\mathcal{O}}_{X,x}$ est noethérien et pour tout $\mathcal{O}_X$-module cohérent $\mathcal{F}$ le complété $\hat{\mathcal{F}}$ est un $\hat{\mathcal{O}}_X$-module cohérent ([20]). Un morphisme $f:X' \longrightarrow X$ d'espaces analytiques définit, de façon naturelle, un morphisme $\hat{f}:\hat{X}'_{|Y'} \longrightarrow \hat{X}_{|Y}$, où $Y' = f^{-1}(Y)$, qu'on appelle <u>complété formel</u> de f.

Soient $\mathcal{I}$ un $\hat{\mathcal{O}}_X$-idéal cohérent, $\mathcal{X} = \text{supp}\ \hat{\mathcal{O}}_X/\mathcal{I}$ et $\mathcal{O}_{\mathcal{X}}$ la restriction à $\mathcal{X}$ du faisceau $\hat{\mathcal{O}}_X/\mathcal{I}$.

On appelle $(X,\mathcal{O}_X)$ un <u>modèle local</u> d'espace analytique formel.

Un <u>espace analytique formel</u> est un espace annelé en $\mathbb{C}$-algèbres locales tel que tout point admet un voisinage isomorphe à un modèle local.

Les espaces analytiques formels forment une catégorie dans laquelle les produits fibrés finis existent, qui contient celle des espaces analytiques ordinaires ([24]).

Si $(X,\mathcal{O}_X)$ est un espace analytique formel notons $\mathcal{I}_X$ le $\mathcal{O}_X$-idéal cohérent défini par

$$\mathcal{I}_X(U) = \{s \in \mathcal{O}_X(U) : s_x \in M_x,\ \forall\ x \in U\}$$

U étant un ouvert de X, M_x l'idéal maximal de $\mathcal{O}_{X,x}$ et s_x le germe de s en x.

On appelle <u>idéal de définition</u> de $(X,\mathcal{O}_X)$ tout $\mathcal{O}_X$-idéal $\mathcal{J}$ ayant la propriété suivante: pour tout $x \in X$ il existe un entier $k = k(x)$ tel que au voisinage de x on ait $\mathcal{I}_X^k \subset \mathcal{J} \subset \mathcal{I}_X$. Avec cette définition $\mathcal{I}_X$ est "le plus grand idéal de definition" de X.

Si $\mathcal{J}$ est un idéal de définition de X, pour tout $k \in \mathbb{N}$ l'espace annelé $X_k = (X,\mathcal{O}_X/\mathcal{J}^{k+1})$ est un espace analytique ordinaire et dans la catégorie des espaces analytiques formels on a l'égalité $X = \lim \operatorname{ind} X_k$ ([24]).

Lorsque $X = X_{|Y}$, l'espace analytique X_k s'appelle le k-ième <u>voisinage infinitésimal</u> de Y dans X.

Finalement on dit qu'un morphisme d'espaces analytiques formels $f:X \longrightarrow X'$ est <u>adique</u> si pour tout idéal de définition $\mathcal{J}$ de X, $f^{*}\mathcal{J}$ est un idéal de définition de X'.

2. Soient $(X,\mathcal{O}_X)$ un espace analytique formel et $X = \lim \operatorname{ind} X_k$. On dit que X est un <u>espace formel de Stein</u> si X_o (et donc tous les X_k) est un espace de Stein.

Dans le cadre des espaces analytiques formels on peut poser le problème suivant: soient $\mathcal{X} = X_{|Y}$ et $\mathcal{X}' = X'_{|Y'}$ deux complétés formels d'espaces analytiques; étant donné un isomorphisme $\mathcal{X} \approx \mathcal{X}'$ est-ce qu'il existe un isomorphisme d'un voisinage de Y dans X sur un voisinage de Y' dans X'?

On sait, d'après M. Artin ([14]) que la réponse est affirmative dans le cas local (i.e. lorsque X,Y,X',Y' sont des germes d'espaces analytiques). En général il y a des contrexemples ([12]).

Au chapitre IV on verra des conditions suffisantes pour l'existence d'un tel isomorphisme.

§ 2. Algèbres analytiques formelles

1. On appelle algèbre analytique formelle tout anneau local en un point d'un espace analytique formel.

Si $A = \mathcal{O}_{\mathcal{X},x}$ est une algèbre analytique formelle on appelle idéal de définition de A tout idéal $I = \mathcal{I}_x$ où $\mathcal{I}$ est un idéal de définition d'un voisinage ouvert de x dans $\mathcal{X}$.

Un homomorphisme local $A \longrightarrow B$ d'algèbres analytiques formelles est dit adique si pour tout idéal de définition I de A, IB est un idéal de définition de B.

La catégorie des algèbres analytiques formelles (dans laquelle les morphismes sont les homomorphismes locaux) contient celle des $\mathbb{C}$-algèbres analytiques et celle des $\mathbb{C}$-algèbres formelles (i.e. des algèbres quotient $\mathbb{C}[T_1,..,T_N]/B$). Dans cette catégorie les co-produits fibrés finis existent.

Soit $A = \mathcal{O}_{\mathcal{X},x}$ une algèbre analytique formelle. Pour tout système $T = \{T_1,..,T_N\}$ d'indéterminées notons $A\{T_1,..,T_N\}^-$ (ou $A\{T\}^-$ en abrégé) l'algèbre analytique formelle $\mathcal{O}_{\mathcal{X}\times\mathbb{C}^N,(x,o)}$. Le complété de $A\{T\}^-$ par rapport à son idéal maximal est l'algèbre $\hat{A}[[T]] = \hat{\mathcal{O}}_{\mathcal{X},x}[[T]]$ ($\hat{\mathcal{O}}_{\mathcal{X},x}$ étant le complété de $\mathcal{O}_{\mathcal{X},x}$ par rapport à son idéal maximal).

Un élément de $A\{T\}^-$ est donc en particulier une série formelle en $T_1,..,T_N$ à coefficients dans $\mathcal{O}_{X,x}$.

Soient $A = \mathcal{O}_{X,x}$ une algèbre analytique formelle, f un élément de $A\{T_1,..,T_N\}^-$ et $a_1,..,a_N$ des éléments de l'idéal maximal de A. On peut calculer $f(a_1,..,a_N)$ de la manière suivante. Les $a_1,..,a_N$ déterminent, au voisinage de x, un morphisme $X \longrightarrow \mathbb{C}^N$ (qui envoie x dans l'origine) d'où un morphisme $X \longrightarrow X \times \mathbb{C}^N$ (qui envoie x dans (x,o)). Il s'ensuit qu'il existe un (seul) homomorphisme $u:\mathcal{O}_{X \times \mathbb{C}^N,(x,o)} \longrightarrow \mathcal{O}_{X,x}$ qui est l'identité sur $\mathcal{O}_{X,x}$ (identifié a un sous-anneau local de $\mathcal{O}_{X \times \mathbb{C}^N,(x,o)}$ par la projection $X \times \mathbb{C}^N \longrightarrow X$) et tel que $u(t_j) = a_j$, $1 \leq j \leq N$, $(t_1,..,t_N)$ coordonnées dans $\mathbb{C}^N$). On pose alors par définition $f(a_1,..,a_N) = u(f)$.

Si $I \subset A$ est un idéal, $f \in \hat{A}\{T_1,..,T_N\}^-$ est tel que $f(0,..,0) \in I$ et $a_1,..,a_N \in I$ alors $f(a_1,..,a_N) \in I$.

En effet on a $f(a_1,..,a_N) \in I\hat{A}$ parce que dans ce complété f n'est rien d'autre qu'une série formelle à coefficients dans A; donc $f(a_1,..,a_N) \in I$ puisque $\hat{A}$ est fidèlement plat sur A.

2. Soient maintenant X, $a \in X$ et $f_1,..,f_m \in \mathcal{O}_{X \times \mathbb{C}^m,(a,o)}$, $t = (t_1,..,t_m)$ un système de coordonnées de $\mathbb{C}^m$. Dénotons par $J_f(x,t)$ le déterminant jacobien $\det(\partial f_i/\partial t_j)$; $J_f(x,t) \in \mathcal{O}_{X \times \mathbb{C}^m,(a,o)}$. On a le "théorème des fonctions implicites":

Théorème 1. Soient $f_1,..,f_m \in \mathcal{O}_{X \times \mathbb{C}^m,(a,o)}$, $a \in X$ telles que:

(i) $f_1(0) \equiv \quad \equiv f_m(0) \equiv 0 \bmod M_a$ (M_a idéal maximal de $\mathcal{O}_{X,a}$)

(ii) $J_f(a,0) \not\equiv 0 \bmod M_a$.

Alors il existe $g_1,..,g_m \in M_a$ tels que $f_j(g_1,..,g_m) = 0$, $1 \leq j \leq m$. De plus $g_1,..,g_m$ sont univoquement déterminés.

Preuve. Soit $U = V \times W$ un voisinage de $(a,0)$ dans $X \times \mathbb{C}^m$ tel que $f_1,..,f_m \in \mathcal{O}_{X \times \mathbb{C}^m}(U)$. L'application $U \longrightarrow \mathbb{C}$ définie par

$(y,z) \longrightarrow J_f(y,z)$ mod M_y est continue, donc, quitte à restreindre U, on peut supposer $J_f(y,z) \not\equiv 0$ mod M_y sur U. Or, comme on a $\mathcal{X} = \lim \text{ind } X_k$ (X_k espace analytique) les $f_1,..,f_m$ déterminent pour tout entier k des éléments $f_1^{(k)},..,f_m^{(k)}$ de $\mathcal{O}_{X_k \times \mathbb{C}^m}(U)$ tels que, pour tout $(y,z) \in U$, on ait $J_{f^{(k)}}(y,z) \equiv J_f(y,z) \not\equiv 0$ mod $M_y \mathcal{O}_{X_k,y}$.

On peut alors appliquer le théorème classique des fonctions implicites pour obtenir des éléments uniques $g_i^{(k)} \in \mathcal{O}_{X_k}(V)$, $1 \leq i \leq m$, tels que $f_j^{(k)}(g_1^{(k)},..,g_m^{(k)}) = 0$, $1 \leq j \leq m$.

A cause de l'unicité les éléments $g_1^{(k)},..,g_m^{(k)}$ donnent par passage à la limite projective des éléments $g_1,..,g_m$ de $\mathcal{O}_{\mathcal{X}}(V)$ qui satisfont au théorème.

<u>Théorème</u> 2. <u>Soit</u> $A = \mathcal{O}_{\mathcal{X},x}$ <u>et soit</u> $f \in A\{T\}^-$. <u>Si</u> $S_1,..,S_N$ <u>sont des indéterminées on a dans</u> $A\{T,S\}^-$ <u>la formule de Taylor</u>.

$$f(T+S) = f(T) + \sum_{j=1}^{N} \frac{\partial f}{\partial T_j}(T)S_j + \sum_{i,j=1}^{N} G_{ij}(T,S)S_iS_j$$

<u>où</u> $G_{ij} \in A\{T,S\}^-$, $1 \leq i,j \leq N$.

<u>Preuve</u>. Précisons d'abord la signification de $f(T+S)$. f est un élément de $\mathcal{O}_{\mathcal{X} \times \mathbb{C}^N,(x,0)}$ donc il définit un morphisme $f: U \times V \longrightarrow \mathbb{C}$ où U et V sont des voisinages de x et o, respectivement dans $\mathcal{X}$ et $\mathbb{C}^N$.

D'autre part on a le "morphisme somme" $\sigma: \mathbb{C}^N \times \mathbb{C}^N \longrightarrow \mathbb{C}^N$ et par suite un morphisme $g: \mathcal{X} \times \mathbb{C}^N \times \mathbb{C}^N \longrightarrow \mathcal{X} \times \mathbb{C}^N$; $f \circ g$ donne bien un élément de $\mathcal{O}_{\mathcal{X} \times \mathbb{C}^N \times \mathbb{C}^N,(x,0,0)}$ qu'on note $f(T+S)$.

Revenons à la démonstration. On peut supposer que $\mathcal{X}$ est le complété formel d'un espace analytique X le long d'un sous-espace analytique fermé Y défini par un $\mathcal{O}_X$-idéal I. Alors f est déterminé par une suite $(f^{(0)},f^{(1)},...)$ où $f^{(k)} \in \mathcal{O}_{X \times \mathbb{C}^N}(U \times V)$, $U \times V$ voisinage de Stein de (x,o) dans $X \times \mathbb{C}^N$, et

$f^{(k+1)} - f^{(k)} \in \Gamma(U \times V, I^{k+1}\, \mathcal{O}_{X \times \mathbb{C}^N})$. Posons

$$g = f(T+S) - f(T) - \sum_{j=1}^{N} \frac{\partial f}{\partial T_j}(T) S_j ;$$

$g \in \mathcal{O}_{X \times \mathbb{C}^N \times \mathbb{C}^N,\,(x,o,o)}$ et il est clair que g est déterminé par une suite $(g^{(0)}, g^{(1)}, \ldots)$ où $g^{(k)} \in \Gamma(U \times V, \mathcal{J})$, $g^{(k+1)} - g^{(k)} \in \Gamma(U \times V, I^{k+1}\mathcal{J})$, $\mathcal{J} = \mathcal{O}_{X \times \mathbb{C}^N \times \mathbb{C}^N}$, telle que

$$g^{(k)} = f^{(k)}(T+S) - f^{(k)}(T) - \sum_{j=i}^{N} \frac{\partial f^{(k)}}{\partial T_j}(T) S_j .$$

Il en découle que pour tout k, $g^{(k)}$ est dans l'idéal de $\mathcal{O}_{X \times \mathbb{C}^N \times \mathbb{C}^N,(x,o,o)}$ engendré par les monômes $S_i S_j$ $1 \le i,j \le N$ et donc g est dans l'idéal de $\mathcal{O}_{X \times \mathbb{C}^N \times \mathbb{C}^N,(x,o,o)}$ engendré par les monômes $S_i S_j$, $1 \le i,j \le N$.

Théorème 3. Soit $\varphi : A \longrightarrow B$ un homomorphisme adique d'algèbres analytiques formelles. Il existe un entier N tel que B soit isomorphe en tant que A-algèbre à un quotient $A\{T_1,\ldots,T_N\}^{-}/J$ où J est un idéal.

Preuve. Posons $A = \mathcal{O}_{X,x}$, $B = \mathcal{O}_{X,x'}$ et soit $f: X' \longrightarrow X$ le morphisme correspondant à φ (au voisinage de x'). Soit $\mathcal{I}$ un idéal de définition de X de telle sorte que $\mathcal{I}\,\mathcal{O}_{X'}$ est un idéal de définition de X'. Soit $I = \mathcal{I}_x$ et posons $B_1 = B/IB$ et $A_1 = A/IA$. On a un homomorphisme local $A_1 \longrightarrow B_1$ et, comme A_1 et B_1 sont des anneaux locaux d'espaces analytiques on a un homomorphisme surjectif $\psi : A_1\{z_1,\ldots,z_q\} \to B_1$. Soient $c_1,\ldots,c_q$ des éléments de B qui relèvent $\psi(z_1),\ldots,\psi(z_q)$. Soient $m_1,\ldots,m_q \in IB$ dont les classes modulo I^2B engendrent le B/IB-module IB/I^2B. On a $m_\alpha = \sum_{\beta=1}^{\ell} a_{\alpha\beta} b_{\alpha\beta}$ où $a_{\alpha\beta} \in I$ et $b_{\alpha\beta} \in B$. Notons $c_{q+1},\ldots,c_N$ les éléments $b_{\alpha\beta}$.

Soit $A' = \mathcal{O}_{X \times \mathbb{C}^N,(x,0)}$.

Compte tenu de la remarque faite dans 1, il existe un seul A-homomorphisme $u:A' \longrightarrow B$ qui coïncide avec φ sur A et tel que $u(t_j) = c_j$, $1 \leq j \leq N$.

On doit montrer que u est surjectif. A ce propos soit H un voisinage compact, semi-analytique, de Stein, de x' dans X' tel que:

(i) $c_1,\dots,c_N$ soient définis au voisinage de H

(ii) il existe un voisinage compact K, de Stein, de x tel que $K \subset f^{-1}(H)$ et que l'homomorphisme $\mathcal{O}_{Z \times \mathbb{C}^N}(K \times L) \longrightarrow \mathcal{O}_{Z'}(H)$ soit encore surjectif (où $L \subset \mathbb{C}^N$ est un voisinage compact de Stein de l'origine, $Z = (X, \mathcal{O}_X/I)$ et $Z' = (X', \mathcal{O}_{X'}/I\mathcal{O}_{X'})$;

(iii) si $B_H = \mathcal{O}_{X'}(H)$ et $I_K = I(K)$, les classes modulo $I_K^2 B_K$ des combinaisons linéaires à coefficients dans I_K de $c_{q+1},\dots,c_N$ engendrent le $B_H/I_K B_H$-module $I_K B_H/I_K^2 B_H$

(tout cela est possible puisque B_H est noethérien ([24])).

Posons $A'_K = \mathcal{O}_{X \times \mathbb{C}^N}(K \times L)$, et envisageons l'homomorphisme $\operatorname{gr} \tilde{u}:\operatorname{gr} A'_K \longrightarrow \operatorname{gr} B_H$, gradué associé de $\tilde{u}:A'_K \longrightarrow B_H$. Par construction, les homomorphismes $A'_K/I_K A'_K \longrightarrow B_H/I_K B_H$ et $I_K A'_K/I_K^2 A'_K \longrightarrow I_K B_H/I_K^2 B_H$ sont surjectifs; par récurrence sur n, on déduit aussitôt qu'il en est de même de l'homomorphisme $I_K A'_K/I_K^n A'_K \longrightarrow I_K B_H/I_K^n B_H$ pour tout n, et a fortiori, de $\operatorname{gr} \tilde{u}$. On déduit de [28] (ch. 3, § 2, n. 8, cor. 2 du théorème 1) que l'extension de $\tilde{u}$ aux complétés I_K-adiques de A'_K et B_K, $\hat{A}'_K$ et $\hat{B}_H$, est surjective. Comme tout élément de $\hat{A}'_K$ ($\hat{B}_H$) donne par restriction un élément de $\mathcal{O}_{X \times \mathbb{C}^N,(x,0)}$ ($\mathcal{O}_{X',x'}$) on en déduit que u est surjectif en prenant un système fondamental de voisinages de x' dans X' du type H.

§ 3. Solutions d'équations analytiques formelles et théorème de rigidité.

1. Soit $\varphi:A \longrightarrow A'$ un homomorphisme adique d'algèbres analytiques formelles. On a vu que A' est isomorphe, en tant que A-algèbre, à un

quotient $A\{T_1,..,T_N\}^-/B$ où B est un idéal et N un entier convenable.

Si $B = (f_1,..,f_q)$ notons $J(B)$ l'idéal de $A\{T_1,..,T_N\}^-$ engendré par les mineurs d'ordre N de la matrice $(\partial f_i/\partial T_j)$ $(q \geq N)$. Si $\sum_{j=1}^{q} b_{ij} f_j = 0$, $1 \leq i \leq m$, est un système complet de relations entre les $f_1,..,f_q$ on note $C(B)$ l'idéal de $A\{T_1,..,T_N\}^-$ engendré par les mineurs d'ordre $q-N$ de la matrice (b_{ij}).

$J(B)$ et $C(B)$ seront appelés respectivement l'idéal jacobien et l'idéal de Cramer de B ([15]).

Les images $J(\varphi)$ et $C(\varphi)$ dans A' de $J(B)$ et $C(B)$, sont indépendantes de la raprésentation de A' comme quotient de $A\{T\}^-$ et seront appelées respectivement l'idéal jacobien et l'idéal de Cramer de φ.

Si $f:X' \longrightarrow X$ est un morphisme adique d'espaces analytiques formels on peut définir, à l'aide de ce qui précède, deux idéaux $\mathcal{O}_{X'}$-cohérents $J(f)$ et $C(f)$ qu'on appelle respectivement le faisceau jacobien et le faisceau de Cramer de f.

Proposition 4. Un homomorphisme adique $\varphi:A \longrightarrow A'$ d'algèbres analytiques formelles est un isomorphisme si et seulement si $J(\varphi) = C(\varphi) = A'$

Preuve. Si φ est un isomorphisme il est clair que $J(\varphi) = C(\varphi) = A'$. On va montrer le réciproque. Comme $C(\varphi) = A'$, il existe dans $C(\varphi)$ un élément inversible, donc, avec les notations ci-dessus, $C(B)$ contient un élément inversible dans A, ce qui entraîne que l'idéal $B = (f_1,..,f_q)$ est engendré par N éléments de $\{f_1,..,f_q\}$ on peut donc supposer $q = N$. De plus $J(\varphi)$ est engendré par l'élément det $(\partial f_i/\partial T_j)$ $1 \leq i,j \leq N$, qui est alors inversible puisque $J(\varphi) = A'$. Le théorème des fonctions implicites (§2) assure alors que le A-endomorphisme de $A\{T_1,..,T_N\}^-$ qui envoie T_i sur f_i, $1 \leq i \leq N$, est un automorphisme ce qui entraîne que $A\{T\}^{-}/B$ est A-isomorphe à A.

En particulier un morphisme adique $f: X' \longrightarrow X$ d'espaces analytiques formels est un isomorphisme local au point $x \in X'$ si et seulement si $C(f)_x = J(f)_x = \mathcal{O}_{X',x}$.

2. Soient maintenant $A = \mathcal{O}_{X,x}$ une algèbre analytique formelle, I un idéal de définition de A, $D = A\{T_1,..,T_N\}^{-}$ et $B = (f_1,..,f_q)$, $q \geq N$, un idéal de D.

Si $a \in A^N$ on note $B(a)$ l'idéal de A engendré par $f_1(a),..,f_q(a)$.

Soient $J(B)$ et $C(B)$ les idéaux de Jacobi et de Cramer de B. On a le théorème suivant:

<u>Théorème</u> 5. <u>Pour tout</u> $h \in \mathbb{N}$ <u>il existe un couple d'entiers</u> m,r (<u>dépendant seulement de</u> A, <u>de</u> h <u>et de</u> N <u>et</u> q) <u>avec la propriété suivante</u>: <u>si</u> $n > m$, $a^o = (a_1^o,..,a_N^o) \in A$ <u>et</u> $f_1(a^o),..,f_q(a^o) \in I^n$, $I^n D \subset J(B) + B$, $I^n D \subset C(B) + B$ <u>alors il existe</u> $a = (a_1,..,a_N) \in A^N$ <u>tel que</u> $a \equiv a^o \bmod I^{n-r}$ <u>et</u> $f_1(a) = .. = f_q(a) = 0$.

Pour démontrer ce théorème nous avons besoin de deux lemmes. Soit I' un idéal quelconque de A, t un élément de I, Λ l'idéal de A formé des éléments annulés par une puissance de t, k un entier tel que $\Lambda \cap (t^k) = (0)$ (un tel k existe d'après le lemme de Artin-Rees).

Soit $s = s(N,q)$ le nombre des N-uples d'entiers $(\alpha_1,..,\alpha_N)$ · tels que $1 \leq \alpha_i \leq q$, $1 \leq i \leq N$, et $\alpha_1 < \alpha_2 <..< \alpha_N$.

Posons $J = J(B)$ et $C = C(B)$.

<u>Lemme</u> 6. <u>Soient</u> h,m <u>deux entiers tels que</u> $m > \sup(2h,h+k)$ <u>et soit</u> $a = (a_1,..,a_N) \in A^N$ <u>tel que</u>

(i) $t^h \in C^{s(N+1)}(a)J(a)$

(ii) $B(a) \subset t^m I'$.

<u>Alors pour tout</u> $n > m$ <u>il existe</u> $a^o = (a^o_1,..a^o_N) \in A^N$ <u>tel que</u> $a \equiv a^o \mod t^{m-h}I'$ <u>et</u> $B(a^o) \subset t^n I'$.

<u>Preuve</u>. Soit $\alpha = (\alpha_1,..,\alpha_N)$ comme ci-dessus et posons $\Delta_\alpha = \det(\partial f_i/\partial T_j)$ pour $i,j = \alpha_1,..,\alpha_N$. Considérons l'ensemble G des générateurs de C formé par les mineurs d'ordre $q - N$ de la matrice (b_{ij}). Parmi les éléments de G il y en a, disons p, $k_\alpha^{(1)},..,k_\alpha^{(p)}$ tels que:

(1) $$k_\alpha^{(s)} f_j = \sum_{i=1}^{N} \lambda_{ij}^{(s)} f_{\alpha_i}, \quad j \in [1,q]\setminus\{\alpha_1,..,\alpha_q\}, \quad 1 \leq s \leq p$$

où les $\lambda_{ij}^{(s)} \in A\{T_1,..,T_N\}^-$; d'autre part tout élément de G est un des $k_\alpha^{(s)}$ pour α et s convenables (conséquence du théorème de Cramer). Soit H l'idéal de $A\{T\}^-$ engendré par les éléments du type $k_\alpha^{(s)}\Delta_\alpha$ (pour tout α et tout s). Nous voulons démontrer que

(2) $$C^{s(N+1)}(a)J(a) \subset H(a) + (t^m).$$

Pour cela il suffit de montrer ce qui suit: soit $\beta = (\beta_1,..,\beta_N)$ une autre N-uple et soit τ le nombre des β_λ différents de chacun des α_μ; alors si $\nu_1,..,\nu_\tau$ sont des entiers compris entre 1 et p, on a:

(3) $$\prod_{j=1}^{\tau} k_\alpha^{(\nu_j)}(a)\ \Delta_\beta(a) \subset \Delta_\alpha(a) + (t^m).$$

Or, par dérivation, les relations (1) donnent

(1') $$k_\alpha^{(s)} \frac{\partial f_j}{\partial T_\ell} = \sum_{i=1}^{N} \lambda_{ij}^{(s)} \frac{\partial f_{\alpha_i}}{\partial T_\ell} \mod B, \quad 1 \leq \ell \leq N,$$

donc, puisque $B(a) \subset t^m I' \subset (t^m)$, on a pour $\ell = 1,..,N$

(4) $$k_\alpha^{(s)}(a) \frac{\partial f_j}{\partial T_\ell}(a) = \sum_{i=1}^{N} \lambda_{ij}^{(s)}(a) \frac{\partial f_{\alpha_i}}{\partial T_\ell}(a) \mod t^m.$$

On obtient alors (3) au moyen des relations (4). L'hypothèse (i) et l'inclusion (2) entraînent $t^h \in H(a) + (t^m)$ et donc, par le lemme de Nakayama, puisque $m > h$, $t^h \in H(a)$. A ce moment la preuve du lemme peut suivre mot à mot celle du lemme 1 de [33].

Toujours avec les mêmes notations qui précèdent les énoncés du théorème 5 et du lemme 6 on a le

Lemme 7. Soient $h, n_o \in \mathbb{N}$ tels que $n_o > \sup(2h, h+k)$. Supposons que

(i) $t^h \in J(B) + B$, $t^h \in C(B) + B$

et qu'il existe $a = (a_1, .., a_N) \in A^N$ tel que

(ii) $t^h \in C^{s(N+1)}(a) J(a)$, $B(a) \subset t^m I'$.

Alors il existe $a^1 = (a_1^1, .., a_N^1) \in A^N$ tel que

$$B(a^1) = (0), \; a \equiv a^1 \mod t^{m-h} I'.$$

Preuve. On démontrera le lemme en plusieurs étapes.

(a) Soit $M = A\{T\}^-/B$ et notons Ω le $A\{T\}^-$-module des différentielles relatives de $A\{T\}^-$ sur A. C'est un $A\{T\}^-$-module libre de rang N, engendré par les différentielles $d\,T_1, .., d\,T_N$. On a un homomorphisme naturel de M-modules $B/B^2 \longrightarrow \Omega/B\Omega$ défini par $(h \bmod B^2) \longrightarrow (d\,h \bmod B\Omega)$. Si on localise en t on obtient un homomorphisme de M_t-modules $\varphi : (B/B^2) \longrightarrow (\Omega/B\Omega)_t$.

Démontrons que φ est un isomorphisme de M_t-modules. Pour cela, il suffit de prouver que pour tout idéal premier P de M tel que $t \in P$ le localisé φ_P de φ en P est un isomorphisme. Considerons l'ensemble G des générateurs de $C(B)$ déjà utilisé dans la preuve du lemme 6. L'hypothèse (ii) entraîne qu'au moins un élément k de G a une image dans M qui n'appartient pas à P; cette image est donc inversible dans M_P. On peut supposer que les relations (1), (1') pour k s'écrivent

(5) $$k\, f_j = \sum_{i=1} \lambda_{ij} f_i, \; N+1 \leq j \leq q,$$

$$(5) \qquad k \frac{\partial f_j}{\partial T_\ell} = \sum_{i=1}^{N} \lambda ij \frac{\partial f_i}{\partial T_\ell} \mod B,\ 1 \leq \ell \leq N.$$

Les relations (5) impliquent que $(B/B^2)_P$ est engendré sur M_P par les images de $f_1,..,f_N$.

Les relations (5'), au moyen d'un petit calcul de déterminants, donnent $k^{q-N}J(B) \subset (\Delta)+B$ où $\Delta = \det(\partial f_i/\partial T_j)$, $1 \leq i,j \leq N$. L'hypothèse (i) implique alors que l'image de Δ dans M n'appartient pas à P donc elle est inversible dans M_P. Ceci entraîne que φ_P est un isomorphisme. Donc φ est un isomorphisme.

(b) Il s'ensuit de (a) que $(B/B^2)_t$ est un M_t-module libre de rang N. Soient $\bar{h}_1,..,\bar{h}_N$ des éléments de B_t tels que leurs classes mod B_t^2 engendrent $(B/B^2)_t$ sur M_t. Il existe alors un voisinage U de Spec M_t dans Spec $A\{T\}_t^- =$ Spec D_t tel que sur U les éléments $\bar{h}_1,..,\bar{h}_N$ engendrent B_t sur D_t.

Soit $q \in D = A\{T\}^-$ tel que Spec $M_t \subset$ Spec $D_q \subset U$ et posons $h = t\,q$. Il est clair que Spec $M_h \subset$ Spec M_t; réciproquement si P est un idéal de M qui appartient à Spec M_t on a $t \notin P$ et donc $h \notin P$ (dans le cas contraire on aurait $q \in P$ et donc $P \notin$ Spec D_q). Donc Spec $M_h =$ Spec M_t.

Il existe alors un entier positif α tel que $t^\alpha \in (h)+B$.

De plus on a Spec $D_h \subset$ Spec $D_{k^q_j} \subset U$ donc $\bar{h}_1,..,\bar{h}_N$ engendrent B_h sur D_h. Ecrivons $\bar{h}_j = h_j/h^{\,j}$ avec $h_j \in B$ et k_j, $1 \leq j \leq N$, entiers. Il existe donc $\beta \in \mathbb{N}$ tel que $h^\beta f_j = \sum_{j=1} a_{ij}h_j$ où $a_{ij} \in D$, $1 \leq i \leq q$. Par dérivation on obtient pour tout $\ell = 1,..,N$ les relations

$$h^\beta \frac{\partial f_i}{\partial T_\ell} = \sum_{i=1}^{N} a_{ij} \frac{\partial h_j}{\partial T_\ell} \mod B$$

donc, si $d = \det(\partial h_i/\partial T_\ell)$ on a $h^{\beta N}J(B) \subset B + (d)$.

De là et du fait que $t^\alpha \in (h)+B$ on tire $t^{\alpha\beta N}J(B) \subset (d)+B$ et, de l'hypothèse (i), $t^{\alpha_1}J(B) \subset (d)+B$ si $\alpha_1 = \alpha\beta N + h$. Soit maintenant n un entier tel que $n > \sup(2\alpha_1+k, 2\alpha_1+\alpha, 2\alpha_1+m-h, m)$.

D'après le lemme 6 il existe $a^o = (a_1^o,..,a_N^o) \in A^N$, $a \equiv a^o \bmod t^{m-h}I'$, tel que $B(a^o) \subset t^n I'$. On a alors $t^{\alpha_1} \in (d(a^o)) + (t^n)$ et, comme $n > \alpha_1$, on a par Nakayama $t^{\alpha_1} \in (d(a^o))$; donc $t^{2\alpha_1} \in (d(a^o))^2$.

(c) On cherche $a = (a_1^1,..,a_N^1) \in A^N$ de la forme $a^1 = a^o + d(a^o)v$ où $v = (v_1,..,v_N) \in A^N$, $v_i \in t^{n-2\alpha_1}I'$ pour $i = 1,..,N$, tel que $h_1(a^1) =..= h_N(a^1) = 0$. Comme on dispose de la formule de Taylor, du théorème des fonctions implicites et de la propriété $t^{2\alpha_1} \in (d(a^o))^2$, on est dans la situation classique du lemme de Newton: on peut procéder comme dans [33], lemme 2 (voir aussi [14], lemme 2.8, [28] ch. 3, §4, n. 5, cor. 2) et on trouve un tel a^1.

(d) Il faut prouver finalement que a^1 ainsi trouvé satisfait aux conclusions du lemme 7. On a, en effet, $a^1 \equiv a^o \bmod t^{n-2\alpha_1}I'$, donc $a^1 \equiv a \bmod t^{m-h}I'$ puisque $n-2\alpha_1 > m-h$. De plus, à cause des relations prouvées au point (b), on a $h^\beta(a^1)f_j(a^1) = 0$, $1 \leq i \leq q$. D'autre part on a $f_i(a^1) \equiv f_i(a^o) \bmod t^{n-2\alpha_1}$, et, comme $f_i(a^o) \in (t^n)$, on obtient $f_i(a^1) \in (t^{n-2\alpha_1})$, $1 \leq i \leq q$ et donc $t^\alpha \in (h(a^1))+(t^{n-2\alpha_1})$. D'ici, comme $n-2\alpha_1 > \alpha$, on obtient par Nakayama que $t^\alpha \in (h(a^1))$ et $t^{\alpha\beta} \in (h(a^1))^\beta$. Enfin des relations $h^\beta(a^1)f_j(a^1) = 0$ on tire $t^{\alpha\beta}f_i(a^1) = 0$, $1 \leq i \leq q$, et donc pour $i = 1,..,q$ on a $f_i(a^1) \in \Lambda \cap (t)^{n-2\alpha_1} \subset \Lambda \cap (t^k) = (0)$ puisque $n-2\alpha_1 > k$. Ceci achève la démonstration du lemme.

On peut maintenant passer à la

<u>Preuve du théorème</u> 5. On fait une récurrence sur le nombre minimal d'un système de générateurs d'un idéal de définition de la topologie I-adique de A. Soit ℓ ce nombre. Pour $\ell = 0$ le résultat est trivial.

Soient $t_1,..,t_\ell$ des éléments de A qui engendrent un idéal de définition. On peut supposer $t_1,..,t_\ell \in I$. Soit Λ l'idéal de A formé des éléments annulés par une puissance de t_1 et soit $k \in \mathbb{N}$ tel que $\Lambda \cap (t_1^k) = (0)$ (lemme de Artin-Rees). Les hypothèses (i),

(ii) donnent les inclusions $I^h \subset J(a^o) + I^n$, $I^h \subset C(a^o) + I^n$, d'où par Nakayama (puisque $k > n$), les inclusions $I^h \subset J(a^o)$, $I^h \subset C(a^o)$ et si $h' = h\, s(N+1) + h$ l'inclusion $I^{h'} \subset C(a^o)^{s(N+1)} J(a^o)$.

Soit $d \in \mathbb{N}$, $d > \sup(2h', h' + k)$, et soit $A_1 = A/(t_1^d)$. Par l'hypothèse de récurrence appliquée a A_1, il existe un couple d'entiers (m',r') tel que pour $n > m'$ et pour $a^o = (a_1^o,..,a_N^o) \in A^N$ vérifiant $B(a^o) \subset I^n$, on peut trouver $a' = (a_1',..,a_N') \in A^N$ vérifiant $a' \equiv a^o \bmod I^{n-r}$ et $B(a') \subset (t_1^d)$. Si $H = C^{s(N+1)}J$ on a $I^{h'} \subset H(a^o) \subset H(a') + I^{n-r'}$, donc, par Nakayama, si $n-r' > h'$ on a $I^{h'} \subset H(a') = C^{s(N+1)}(a')J(a')$. On a, en réalité, $B(a') \subset (t_1^d) \cap I^{n-r'}$ puisque $B(a') \subset B(a^o) + I^{n-r'} \subset I^{n-r'}$.

D'après le lemme de Artin-Rees il existe un couple d'entiers (n_1,λ) tel que pour $n-r' > n_1$ on ait $B(a') \subset t_1^d I^{n-r'-\lambda}$.

A ce moment on peut appliquer le lemme 7 (avec $I' = I^{n-r'-\lambda}$): il existe $a = (a_1,..,a_N) \in A^N$ tel que $B(a) = 0$ et $a \equiv a' \bmod I^{n+d-(r'+h'+\lambda)}$ $(t^{d-h'}I^{n-r'-\lambda} \subset I^{n+d-(r'+h'+\lambda)})$.

Le théorème est donc démontré.

3. Gardons toujours les mêmes notations. Si $B' = (f_1',..,f_q')$ est un idéal de D tel que $f_i' \equiv f_i \bmod I^n$, $1 \leq i \leq q$, on écrira $B' \equiv B \bmod I^n$. Soit $M = D/B$ et soit

$$D^\ell \xrightarrow{L} D^q \xrightarrow{f} B \longrightarrow 0$$

une présentation de B comme D-module, où l'homomorphisme f est défini par $f_1,..,f_q$, $B = (f_1,..,f_q)$, et L est défini par une matrice (ℓ,q) à coefficients dans D qu'on dénote encore par L. On a alors lé <u>théorème de rigidité</u> suivant:

<u>Théorème</u> 8. <u>Soit</u> h <u>un entier tel que</u> $I^hD \subset J(B) + B$ $I^hD \subset C(B) + B$. <u>Il existe un couple d'entiers</u> (m,r) <u>ayant la propriété suivante</u>. <u>Soient</u> $n > m$ <u>un entier</u>, $B' = (f_1',..,f_q')$ <u>un idéal de</u> D <u>tel que</u>

$B' \equiv B \bmod I^n$ *et* $M' = D/B'$, *et soit* $L' \circ f' = 0$ *un système de relations entre* $f'_1,..,f'_q$ *défini par une matrice* L' *à coefficients dans* D *telle que* $L' \equiv L \bmod I^n$. *Il existe alors un* A-*automorphisme* $\varphi : D \longrightarrow D$ *tel que* $\varphi \equiv id_D \bmod I^{n-r}$ *induisant un isomorphisme de* M *sur* M'.

Preuve. Remarquons d'abord que si $B' \equiv B \bmod I^n$ et $L \equiv L' \bmod I^n$ on a $J(B) \subset J(B') + I^{n-1}$, $C(B) \subset C(B') + I^n$, $B \subset B' + I^n$ et donc $I^h D \subset J(B') + B' + I^{n-1}$, $I^h D \subset C(B') + B' + I^n$. Il en résulte, compte tenu du lemme de Nakayama, que si $n > h + 1$:

(1) $$I^h D \subset J(B') + B',\ I^h D \subset C(B') + B'.$$

Supposons donc $n > h + 1$ dans la suite. Dénotons par $p : A \longrightarrow M$, $u : A \longrightarrow M'$ les homomorphismes naturels.

Soit F le co-produit fibré de M et M' sur A; c'est l'anneau local d'un espace analytique formel. De plus F est de la forme $M\{T_1,..,T_N\}^-/K$ où $K = B'M\{T_1,..,T_N\}^-$.

On a donc un diagramme co-cartésien

$$\begin{array}{ccc} A & \xrightarrow{p} & M \\ {\scriptstyle u}\big\downarrow & & \big\downarrow{\scriptstyle u'} \\ M' & \xrightarrow[p']{} & F' \end{array}$$

Se donner un A-homomorphisme de M' dans M équivaut à se donner une section de u'. Des relations (1) on tire facilement les inclusions: $I^h M\{T\}^- \subset J(K) + K$, $I^h M\{T\}^- \subset C(K) + K$. Appliquons le théorème 5 à l'anneau $M\{T\}^-$. Il existe un couple d'entiers (n_1, r) (dépendant seulement de M, de h et des nombres N et q) tel que pour $n > n_1$ toute section $\bmod I^n$ de u' peut être approchée $\bmod I^{n-r}$ par une vraie section.

Soit donc $n > n_1$. Alors il existe un isomorphisme mod I^n (i.e. un isomorphisme $M'/I^nM' \simeq M/I^nM$) qui donne une section mod I^n de u'. Il existe donc un homomorphisme $\sigma : M' \longrightarrow M$ tel que σ mod I^{n-r} soit congru à l'isomorphisme donné mod I^n. Il nous reste à démontrer que pour n assez grand σ est un isomorphisme. On peut trouver un A-homomorphisme $\varphi : D \longrightarrow D$ congru à l'identité mod I^{n-r} tel que le diagramme suivant soit commutatif:

$$\begin{array}{ccccccccc} 0 & \longrightarrow & B' & \longrightarrow & D & \longrightarrow & M' & \longrightarrow & 0 \\ & & & & \downarrow \varphi & & \downarrow \sigma & & \\ 0 & \longrightarrow & B & \longrightarrow & D & \longrightarrow & M & \longrightarrow & 0. \end{array}$$

Nous allons montrer que pour n assez grand on a $\varphi(B') = B$. Or $\varphi(B') \subset B$ évidemment. D'autre part on a $B \subset \varphi(B') + I^{n-r} \cap B$ puisque $B' \equiv B \bmod I^n$ et $\varphi \equiv id_D \bmod I^{n-r}$. Compte tenu du lemme de Artin-Rees, pour n assez grand, ne dépendant que de B, on aura $I^{n-r} \cap B \subset IB$, d'où $B \subset \varphi(B') + IB$ et donc, par Nakayama, $B \subset \varphi(B')$. Ceci achève la démonstration.

CHAPITRE II

QUELQUES CONSTRUCTIONS

Soient Y un espace analytique de Stein, $K \subset Y$ un compact de Stein. Posons $A_Y = \text{Spec } \Gamma(Y,\mathcal{O}_Y)$.

A tout A_Y-schéma de type fini Z on peut associer de façon naturelle un espace analytique Z^{an} sur Y en obtenant ainsi un foncteur de la catégorie des A_Y-schémas de type fini dans celle des espaces analytiques sur Y ([45], [23]). Ce foncteur se prolonge à la catégorie des espaces algébriques de type fini sur A_Y.

L'étude des propriétés de ce foncteur fait l'objet du paragraphe 1.

Pour la théorie des espaces algébriques on renvoie au travail initial de M. Artin [13] et à [18], [58].

Une présentation des espaces algébriques particulièrement élégante du point de vue geométrique est faite dans [17].

Dans les deux autres paragraphes on rappelle les constructions de Spec an, Proj an et des éclatements et on donne quelques résultats sur les faisceaux amples ([5], [6]).

§ 1. Théorèmes de comparaison.

1. Soient Y un espace analytique de Stein, $K \subset Y$ un sous-ensemble. On pose $A_K = \Gamma(K,\mathcal{O}_K)$ et $S_K = \text{Spec } A_K$.

On dit que K est un compact de Stein de Y s'il est un compact semi-analytique admettant un système fondamental de voisinages ouverts de Stein; dans ce cas A_K est noethérien ([36]) donc S_K est un schéma affine noethérien.

Si H et K sont deux sous-ensembles de Y et $H \subset K$, l'homomorphisme de restriction $A_K \longrightarrow A_H$ donne un morphisme de schémas $S_H \longrightarrow S_K$.

Soit Z un espace algébrique de type fini sur S_K; nous dirons aussi que Z est un espace algébrique de type fini sur K ou un K-espace algébrique de type fini. Si $H \subset K$ on pose $Z_H = Z \underset{S_K}{\times} S_H$; c'est un H-espace algébrique de type fini.

Soit K un compact de Stein de Y. On peut associer à tout K-espace algébrique de type fini Z un espace analytique sur K, noté Z^{an} (i.e. un espace analytique sur un voisinage ouvert de K) de la manière suivante.

Supposons d'abord que Z soit un schéma. Comme Z est de type fini sur S_K on peut le recouvrir par des ouverts affines du type $U = \operatorname{Spec} B$, $B = A_K[T_1,..,T_N]/I$, I étant idéal de $A_K[T_1,..,T_N]$.

Comme A_K est noethérien I est de type fini; soit $I = (f_1,..,f_p)$. On peut regarder $f_1,..,f_p$ comme des éléments de $\Gamma(V \times \mathbb{C}^N, \mathcal{O}_{Y \times \mathbb{C}^N})$, V étant un voisinage ouvert de K, donc ils définissent un sous-espace analytique fermé U^{an} de $V \times \mathbb{C}^N$. Les espaces analytiques U^{an} se recollent en donnant un espace analytique sur K.

Pour obtenir enfin Z^{an} lorsque Z est un Y-schéma de type fini, on considère une suite croissante $\{K_n\}$ de compacts de Stein tels que $K_n \subset \overset{\circ}{K}_{n+1}$ pour tout $n \in \mathbb{N}$ et que $Y = \bigcup_{n=1}^{\infty} K_n$.

Au moyen de ce qui précède on construit pour tout n l'espace analytique $Z_n^{an} = (Z \underset{S_Y}{\times} S_{K_n})^{an}$ et l'on vérifie que l'application $Z_n^{an} \longrightarrow Z_{n+1}^{an}$ est un plongement ouvert. On pose alors $Z^{an} = \operatorname{lim\,ind} Z_n^{an}$.

De même à tout Y-morphisme de type fini de Y-schémas $f: Z \longrightarrow Z'$ on peut associer un Y-morphisme analytique $f^{an}: Z^{an} \longrightarrow Z'^{an}$. Nous remarquons tout de suite que f est un morphisme étale si et seulement si f^{an} est un isomorphisme local en tout point de Z^{an}: c'est une conséquence du théorème des fonctions implicites.

2. Revenons au cas général. Soient donc Z un espace algébrique de type fini sur Y et $U \to Z$ un recouvrement étale représentable de Z; alors $R = U \times_Z U$ est un schéma, sous-schéma fermé de $U \times U$ et les deux projections $p_1, p_2 : R \to U$ sont étales et surjectives.

En outre U et R sont deux Y-schémas de type fini. On obtient donc deux morphismes d'espaces analytiques sur Y, $p_1^{an}, p_2^{an} : R^{an} \to U^{an}$ qui sont des isomorphismes locaux et surjectifs. R^{an} est un sous-espace analytique fermé de $U^{an} \times U^{an}$ et il définit une relation de équivalence sur U^{an}. On voit facilement que l'espace quotient U^{an}/R^{an} porte une structure naturelle de Y-espace analytique. On pose alors par définition $Z^{an} = U^{an}/R^{an}$.

A tout morphisme $f: Z \to Z'$ de Y-espaces algébriques de type fini on peut associer un morphisme $f^{an}: Z^{an} \to Z'^{an}$; f est étale si et seulement si f^{an} est un isomorphisme local. A tout faisceau quasi-cohérent $\mathcal{F}$ sur Z on associe un faisceau $\mathcal{F}^{an}$ sur Z^{an}, et si $\mathcal{F}$ est cohérent, $\mathcal{F}^{an}$ l'est aussi.

Toutes ces constructions sont fonctorielles.

3. Le théorème qui suit est la forme relative du théorème de comparaison de Serre (GAGA, [83]).

Dans le cas des schémas la démonstration se trouve dans [45] et [23]; elle se généralise aisément au cas des espaces algébriques, étant fondée essentiellement sur le lemme de Chow ([58], [78]).

Soient Y un espace de Stein, $K \subset Y$ un compact de Stein, Z un S_Y-espace algébrique propre et de type fini, $p: Z \to S_Y$ le morphisme structural et $Z_K = Z \times_{S_K} S_Y$.

On a le théorème de comparaison suivant ("GAGA relatif", [23]).

<u>Théorème</u> 1. <u>Pour tout faisceau cohérent</u> $\mathcal{F}$ <u>sur</u> Z <u>et tout entier</u> n, <u>les homomorphismes naturels</u>

(i) $(R^n p_* \mathcal{F})^{an} \to R^n p_*^{an} \mathcal{F}^{an}$

sont des isomorphismes. L'application naturelle

(ii) $\mathrm{Coh}(Z_K) \longrightarrow \lim \mathrm{ind}\ \mathrm{Coh}(Z^{an}|_U)$

est bijective (ici U parcourt un système fondamental de voisinages ouverts de K).

On deduit de ce théorème les corollaires suivants.

Corollaire 2. Soit T un sous-espace analytique fermé de Z^{an}. Il existe un sous-espace algèbrique W de Z_K tel que W^{an} soit Y-isomorphe à T au voisinage de K. Si Z est un Y-schéma W l'est aussi

Corollaire 3. Soient Z' un autre espace algébrique de type fini sur Y et $g: Z^{an} \longrightarrow Z'^{an}$ un Y-morphisme. Il existe un K-morphisme $f: Z_K \longrightarrow Z'_K$ tel que $f^{an} = g$ au voisinage de K.

Soient maintenant X un espace analytique formel de Stein, $K \subset X$ un compact de Stein, $S_X = \mathrm{Spec}\ \Gamma(X, \mathcal{O}_X)$, $S_K = \mathrm{Spec}\ \Gamma(K, \mathcal{O}_X)$.

Si Z est un S_X-espace algébrique formel de type fini, on peut lui associer de façon naturelle un espace analytique formel Z^{an} au-dessus de X. On peut alors développer une théorie de comparaison géométrie algébrique-géométrie analytique aussi dans ce cas.

Nous laissons au lecteur le soin de l'expliciter (voir [24] pour les détails).

§ 2. Spec an et Proj an. Faisceaux amples.

1. Rappelons ici quelques constructions fonctorielles souvent utilisées en géométrie (algébrique et) analytique, en renvoyant à [44] et [82] pour les détails.

Soit X un espace analytique. On dit qu'une $\mathcal{O}_X$-algèbre A est de présentation finie si est localement de la forme

$\mathcal{O}_X[T_1,\dots,T_n]/(f_1,\dots,f_m)$ avec $f_1,\dots,f_m \in \mathcal{O}_X[T_1,\dots,T_n]$.

Toute $\mathcal{O}_X$-algèbre cohérente (comme $\mathcal{O}_X$-module) est de présentation finie.

L'algébre symétrique $S(F) = \bigoplus_{n\geq 0} S^n(F)$ d'un $\mathcal{O}_X$-module cohérent F est de présentation finie ([44]).

Soit maintenant $A = \mathcal{O}_X[T_1,..,T_n] \simeq S(\mathcal{O}_X^n)$.

Pour tout morphisme d'espaces analytiques $f:Y \to X$ on a $A_Y = f^{*}A \simeq \mathcal{O}_Y[T_1,..,T_n]$; donc tout $\mathcal{O}_Y$-homomorphisme d'algèbres $\alpha:A_Y \to \mathcal{O}_Y$ est déterminé par n fonctions holomorphes sur Y $\alpha(T_1) = g_1,..,\alpha(T_n) = g_n$, c'est à dire par un morphisme $g:Y \to X \times \mathbb{C}^n$ tel que $pr_X \circ g = f$. Il s'ensuit que $X \times \mathbb{C}^n$ représente (dans la catégorie des espaces analytiques sur X) le foncteur $F_A:(Y,f) \to \mathrm{Hom}_{\mathcal{O}_Y}(A_Y,\mathcal{O}_Y)$.

Dans le cas général, tout point admet un voisinage ouvert U tel que $A|_U$ soit de la forme $\mathcal{O}_U[T_1,..,T_n]/I$, I étant engendré par $h_1 = h_1(x,T),...,h_m = h_m(x,T)$ $(T = (T_1,..,T_n))$; le foncteur F_A est alors représenté, au-dessus de U, par le sous-espace analytique de $U \times \mathbb{C}^n$ défini par les équations: $h_1(x,z) =...= h_m(x,z) = 0$ $(x \in U,\ z \in \mathbb{C}^n)$. Par recollement on obtient un espace analytique sur X appelé <u>spectre analytique</u> de A et noté Spec an A, qui représente F_A.

Les propriétés suivantes sont démontrées dans [82](exposé 19):

(a) $A \to$ Spec an A est un foncteur contravariant

(b) si A et B sont de présentation finie il en est de même de $A \underset{\mathcal{O}_X}{\oplus} B$ et on a

$$\text{Spec an } A \underset{\mathcal{O}_X}{\oplus} B \simeq \text{Spec an } A \underset{X}{\times} \text{Spec an } B$$

(c) si $h:A \to B$ est un homomorphisme surjectif le morphisme Spec an $B \to$ Spec an A correspondant est un plongement fermé

(d) pour tout morphisme $f:Y \to X$ d'espaces analytiques on a Spec an $A_Y \simeq$ Spec an $A \underset{X}{\times} Y$.

Si F est un $\mathcal{O}_X$-module cohérent, on pose $L(F)$ = Spec an $S(F)$ et on l'appelle <u>fibré lineaire</u> associé a F. Sur tout ouvert de Stein U sur lequel il y a un isomorphisme $F_{|U} \simeq \mathcal{O}_U^n/I$, $S(F)_{|U}$ est isomorphe à $\mathcal{O}_U[T_1,..,T_n]/J$, où J est engendré par les formes linéaires $\sum_{j=1}^{n} \lambda_j T_j$ telles que $\lambda_1,..,\lambda_n \in I$. Donc $L(F)$ est défini au-dessus de U comme le sous-espace analytique de $U \times \mathbb{C}^n$ donné par les équations $\sum_{j=1}^{n} \lambda_j(x)z_j = 0$; pour x fixé ces équations sont linéaires en $z_1,..,z_n$. Il s'ensuit que si $p:L(F) \longrightarrow X$ est le morphisme structural, les fibres $L_x(F)=p^{-1}(x)$ sont des $\mathbb{C}$-espaces vectoriels de dimension finie (en fait $L_x(F)$ est l'espace dual de F_x/M_xF_x, M_x étant l'idéal maximal de $\mathcal{O}_{X,x}$). F est localement libre si et seulement si $L(F)$ est un fibré vectoriel holomorphe localement trivial; en particulier si F est le faisceau des germes de sections holomorphes d'un fibré vectoriel holomorphe V sur X, $L(F)$ s'identifie au fibré dual de V. Pour les détails voir [35].

2. Au moyen d'un procédé analogue on associe à toute $\mathcal{O}_X$-algèbre graduée, de présentation finie $A = \bigoplus_{m \geq 0} A^m$ un espace analytique sur X, Proj an A.

Tout point de X admet un voisinage ouvert de Stein U sur lequel A est de la forme $\mathcal{O}_U[T_0,..,T_n]/I$ où I est un idéal homogène de type fini; alors Proj an A est défini au-dessus de U comme le sous-espace analytique fermé de $U \times \mathbb{P}^n$ ($\mathbb{P}^n = \mathbb{P}^n_{\mathbb{C}}$) d'idéal $I\,\mathcal{O}_{U\times\mathbb{P}^n}$. Par recollement on obtient l'espace Proj an A.

L'espace Proj an A s'appelle le <u>spectre analytique homogène</u> de A.

A tout homomorphisme surjectif de $\mathcal{O}_X$-algèbres graduées $h:A \longrightarrow B$ correspond un plongement fermé Proj an $B \longrightarrow$ Proj an A et pour tout morphisme d'espaces analytiques $f:Y \longrightarrow X$ on a Proj an $A_Y \simeq$ Proj an $A \times_X Y$

Comme tout point de X admet un voisinage ouvert U tel que Proj an $A_{|U}$ se plonge dans $U \times \mathbb{P}^n$, les faisceaux fondamentaux sur $\mathbb{P}^n$, $\mathcal{O}_{\mathbb{P}^n}(s)$, $s \in \mathbb{N}$, induisent, par recollement, sur P = Proj an A des faisceaux inversibles $\mathcal{O}_P(s)$.

Si F est un $\mathcal{O}_X$-module cohérent, on pose $\mathbb{P}(F)$ = Proj an $S(F)$ et on l'appelle <u>fibré projectif</u> associé à F. Les fibres du morphisme structural $\mathbb{P}(F) \to X$ sont des espaces projectifs.

$\mathbb{P}(F)$ est un fibré projectif localement trivial si et seulement si F est localement libre.

<u>Remarque</u>. Les constructions de Spec an et Proj an sont essentiellement algébriques, dans le sens suivant. Si A est une $\mathcal{O}_X$-algèbre de présentation finie et $U \subset X$ est un ouvert de Stein suffisamment petit, A induit une algèbre de présentation finie $\tilde{A}$ sur $A_U = \mathrm{Spec}\ \mathcal{O}_X(U)$.

On peut alors construir Spec $\tilde{A}$ qui est un A_U-schéma de type fini ([44]). On a alors Spec an $A \simeq (\mathrm{Spec}\ \tilde{A})^{an}$. De même pour Proj an.

3. Soient $f:X \to Y$ un morphisme propre d'espaces analytiques, E un $\mathcal{O}_X$-module cohérent. Pour tout $\mathcal{O}_X$-module cohérent F et tout entier n on pose $F(n) = F \otimes S^n(E)$.

On dit que E est f-<u>ample</u> si pour tout $\mathcal{O}_X$-module cohérent F et tout compact $K \subset Y$ il existe un entier n_o tel que le morphisme naturel $f^* f_* F(n) \to F(n)$ soit surjectif au-dessus de K pour $n \geq n_o$ ([44], [46], [6]).

Cette propriété signifie que sur le compact $f^{-1}(K)$ le faisceau $F(n)$ est engendré par le module des sections $\Gamma(f^{-1}(K), F(n))$.

On dit que E est <u>cohomologiquement</u> f-<u>ample</u> si pour tout $\mathcal{O}_X$-module cohérent F et tout compact $K \subset Y$ il existe un entier n_o tel que $R^q f_* F(n)_{|K} = 0$ pour tout $n \geq n_o$ et $q \geq 1$.

Si Y est un point on dit simplement que E est <u>ample</u> ou respectivement <u>cohomologiquement ample</u>.

Si $f:\mathbb{P}(E) \to Y$ est le fibré projectif associé à un $\mathcal{O}_Y$-module cohérent E, les faisceaux fondamentaux $\mathcal{O}_{\mathbb{P}(E)}(s)$, $s \geq 1$, sont f-amples et f-cohomologiquement amples (théorème de Grauert et Remmert [41]).

Soient $f:X \to Y$ un morphisme propre d'espaces analytiques, E un

$\mathcal{O}_X$-module cohérent et $P = \mathbb{P}(E)$. Soient $p:P \longrightarrow X$ la projection naturelle, L le faisceau $\mathcal{O}_P(1)$ et $\pi = f \circ p$.

Proposition 4. Il existe pour tout entier positif n un homomorphisme naturel

$$\alpha_n : \mathcal{F}(n) \longrightarrow p_* (p^* \mathcal{F} \otimes L^n).$$

De plus, pour tout compact $K \subset X$ il existe un entier n_o tel que, pour tout $n \geq n_o$, α_n soit un isomorphisme au-dessus de K.

Preuve. Puisque l'on cherche des homomorphismes naturels, il est clair que le problème est local sur X. On peut donc supposer que K soit un compact de Stein de X et qu'il existe deux faisceaux cohérents E', $\mathcal{F}'$ sur $S_K = \text{Spec } \mathcal{O}_X(K)$ tels que $E'^{an} = E$, $\mathcal{F}'^{an} = \mathcal{F}$. Soient $P' = \mathbb{P}(E')$ le fibré projectif algébrique associé à E', $p':P' \longrightarrow S_K$ la projection, $L' = \mathcal{O}_{P'}(1)$. Alors on a $P'^{an} \simeq P$, $p'^{an} = p$, $L'^{an} = L$. D'après [44] (II 3.3.2 et III 2.3.1) il existe des homomorphismes naturels

$$\alpha'_n : \mathcal{F}' \otimes S^n(E') \longrightarrow p'_* (p'^* \mathcal{F}' \otimes L'^n)$$

qui sont des isomorphismes pour n assez grand; alors les $\alpha_n = \alpha'^{an}_n$ sont les homomorphismes cherchés.

Proposition 5. Les conditions suivantes sont équivalentes

(i) E est f-ample

(ii) E est cohomologiquement f-ample

(iii) L est π-ample

(iv) L est cohomolgiquement π-ample

Preuve. L'équivalence de (iii) et (iv) est bien connue ([40], [57]). On va prouver que (iv) implique (ii), (i))implique (iii), (ii) implique (i).

Soient $K \subset Y$ un compact, $H = f^{-1}(K)$, F un $\mathcal{O}_X$-module cohérent. On a une suite spectrale

$$R^r f_* \, (R^q p_* \, (p^* \, F \otimes L^n)) \Rightarrow R^{r+q}\pi_* \, (p^* \, F \otimes L^n)$$

Comme L est cohomologiquement p-ample il existe n_o tel que pour tout $n \geq n_o$ et $q \geq 1$ on ait $R^q p_* \, (p^* \, F \otimes L^n)_{|H} = 0$; donc on a des isomorphismes sur K:

$$R^r f_* \, (p_* \, (p^* \, F \otimes L^n)) \simeq R^r \pi_* \, (p^* \, F \otimes L^n);$$

ce dernier s'annule pour $r \geq 1$ et n assez grand à cause de l'hypothèse; on conclut au moyen de la proposition 4.

Pour démontrer que (i) implique (iii) soient G un $\mathcal{O}_P$-module cohérent, K un compact de Y et $H = f^{-1}(K)$; comme L est p-ample, il existe n_1 tel que la suite

$$(1) \qquad p^* p_* \, (G \otimes L^n) \longrightarrow G \otimes L^n \longrightarrow 0$$

soit exacte au-dessus de H pour tout $n \geq n_1$.

Soient $F = p_* \, (G \otimes L^{n_1})$ et $G' = p^* \, F$. Pour la même raison que ci-dessus il existe n_2 tel que la suite

$$(2) \qquad p^* p_* \, (G' \otimes L^n) \longrightarrow G' \otimes L^n \longrightarrow$$

soit exacte au-dessus de H pour tout $n \geq n_2$.

D'après la proposition 4 il existe n_3 tel que $p_* \, (p^* \, F \otimes L^n)$ et $F \oplus S^n(E)$ soient isomorphes sur H pour tout $n \geq n_3$.

Par l'hypothèse (i) il existe alors n_4 tel que la suite

$$(3) \qquad f^* f_* \, (p_* \, (p^* \, F \otimes L^n)) \longrightarrow p_* \, (p^* \, F \otimes L^n) \longrightarrow 0$$

soit exacte sur H pour tout $n \geq n_4$.

Soit $n \geq \sup \{n_1, n_2, n_3, n_4\}$. En appliquant le foncteur p^* à la suite (3) on obtient que la suite

$$\pi^{\star}\pi_{\star}\ (p^{\star}\ F \otimes L^{n}) \longrightarrow p^{\star}p_{\star}(p^{\star}\ F \otimes L^{n}) \longrightarrow 0$$

est exacte au-dessus de K. D'après (2) on obtient que la suite

$$\pi^{\star}\pi_{\star}\ (G_1 \otimes L^{n}) \longrightarrow G_1 \otimes L^{n} \longrightarrow 0$$

où $G_1 = p^{\star}p_{\star}(G \otimes L^{n_1})$ est exacte au-dessus de K.

Comme pour tout n, $G \otimes L^{n+n_1}$ est un quotient de $G_1 \oplus L^{n}$, d'après (1) il s'ensuit que la suite

$$\pi^{\star}\pi_{\star}\ (G \otimes L^{n+n_1}) \longrightarrow G \otimes L^{n+n_1} \longrightarrow 0$$

est exacte au-dessus de K.

Il nous reste à prouver que (ii) implique (i).

Soient $x \in X$ et $\tilde{M}_x$ l'idéal de $\mathcal{O}_X$ des germes des sections nulles en x. De la suite exacte

$$0 \longrightarrow \tilde{M}_x \longrightarrow \mathcal{O}_X \longrightarrow \mathcal{O}_X/\tilde{M}_x \longrightarrow 0$$

on déduit pour tout $\mathcal{O}_X$-module cohérent F la suite exacte

$$0 \longrightarrow T \longrightarrow \tilde{M}_x \otimes F(n) \longrightarrow F(n) \xrightarrow{\alpha} F(n)/\tilde{M}_x F(n) \longrightarrow 0$$

où $T = \mathrm{Tor}_1^{\mathcal{O}_X}(\mathcal{O}_X/\tilde{M}_x, F(n))$ est un $\mathcal{O}_X$-module cohérent dont le support est inclus dans $\{x\}$. Donc $R^2 f_{\star}\ T = 0$ et $R^1 f_{\star}\ (\tilde{M}_x \otimes F(n))_{|K} = 0$ pour un compact $K \subset Y$; on en déduit $R^1 f_{\star}\ \mathrm{Ker}\ \alpha_{|K} = 0$. Il s'ensuit que si n est suffisamment grand le morphisme $f_{\star}\ F(n) \longrightarrow F(n)/\tilde{M}_x F(n)$ est surjectif. Comme les fibres de f sont compactes on déduit que E est f-ample.

<u>Corollaire</u> 6. <u>Si pour tout</u> $\mathcal{O}_X$-<u>module cohérent</u> F <u>et tout compact</u> $K \subset Y$ <u>il existe</u> n_o <u>tel que</u> $R^1 f_{\star}\ F(n)_{|K} = 0$ <u>pour tout</u> $n \geq n_o$, E <u>est cohomologiquement</u> f-<u>ample</u>.

<u>Corollaire</u> 7. E <u>est</u> f-<u>ample si et seulement si</u> E_{red} <u>est</u>

f_{red}-ample ($f_{red} : X_{red} \longrightarrow Y_{red}$)

En effet c'est bien connu pour les faisceaux inversibles.

§ 3. Eclatements.

1. Soient X un espace analytique, $Y \subset X$ un sous-espace fermé défini par un $\mathcal{O}_X$-idéal cohérent I. L'éclatement de X de centre I (ou de centre Y) est l'espace analytique $\tilde{X}$ muni d'un morphisme propre $f:\tilde{X} \longrightarrow X$, caracterisé par les propriétés suivantes:

(a) $\tilde{I} = f^{*} I$ est un idéal inversible

(b) pour tout morphisme $h:Z \longrightarrow X$ d'espaces analytiques tel que $h^{*} I$ soit un idéal inversible il existe un et un seul morphisme $g:Z \longrightarrow \tilde{X}$ tel que $f \circ g = h$.

De la propriété (b) on déduit que l'éclatement est unique (à un isomorphisme près), et de la propriété (a) que f est un isomorphisme de $\tilde{X} \setminus f^{-1}(Y)$ sur $X \setminus Y$. $\tilde{Y} = f^{-1}(Y)$ est appelé le sous-ensemble exceptionnel de l'éclatement.

L'existence des éclatements est assurée par la

Proposition 8. Soit $A = \bigoplus_{n \geq 0} I^n$. L'espace analytique Proj an A satisfait (a) et (b).

Pour la démonstration de l'existence aussi bien que pour les propriétés des éclatements qu'on rappellera à partir d'ici voir par exemple [53].

Comme conséquence de la définition de Proj an on a les propriétés suivantes:

(1) si I est inversible, $\tilde{X}$ est isomorphe à X;

(2) si I est engendré sur un ouvert $U \subset X$ par une suite $\mathcal{O}_X$-régulière $z_o,..,z_N$ ([44], IV) alors $f^{-1}(U)$ est défini dans $U \times \mathbb{P}^N$ par les équations $z_i t_j = z_j t_i, 0 \leq i,j \leq N$,

$t_o, \ldots, t_N$ étant les coordonnées homogènes de $\mathbb{P}^N$;

(3)   pour tout entier $m_o \geq 1$ l'éclatement de X de centre I^{m_o}

est isomorphe à X ;

(4)   si $i : Y \longrightarrow X$ est l'inclusion, on a

$$\widetilde{Y} \simeq \text{Proj an } i^\star A \simeq \text{Proj an } \bigoplus_{n \geq 0} I^n / I^{n+1}.$$

Supposons maintenant que X et Y soient lisses et plus précisément supposons que X soit un polydisque de $\mathbb{C}^n$ et $I = (z_1, \ldots, z_k) \mathcal{O}_X$, $z_1, \ldots, z_n$ étant les coordonnées de $\mathbb{C}^n$. Soient $t_1, \ldots, t_k$ les coordonnées homogènes dans $\mathbb{P}^{k-1}$; alors $\widetilde{X}$ est le sous-espace analytique lisse de $X \times \mathbb{P}^{k-1}$ défini par les équations $t_i z_j - t_j z_i = 0$ $1 \leq i, j \leq k$, et $\widetilde{Y}$ est défini, sur l'ouvert de $\widetilde{X}$ où $t_i \neq 0$, par l'équation $z_i = 0$. Il s'ensuit que $\widetilde{Y}$ est isomorphe au produit $Y \times \mathbb{P}^{k-1}$. Remarquons aussi que sur l'ouvert de $\widetilde{X}$ où $t_i \neq 0$ et $t_j \neq 0$ on a $z_j / t_j = z_i / t_i$; on obtient donc un isomorphisme $\widetilde{I} / \widetilde{I}^2 \approx p^\star \mathcal{O}_{\mathbb{P}^{k-1}}(1)$, $p : \widetilde{X} \longrightarrow \mathbb{P}^{k-1}$ étant la projection.

En conclusion si X et Y sont lisses et $\widetilde{X}$ est l'éclatement de X de centre Y alors :

(i) $\widetilde{Y}$ est un fibré projectif sur Y localement trivial de rang

$r = \dim_{\mathbb{C}} X - \dim_{\mathbb{C}} Y - 1$

(ii) $I_{\widetilde{Y}} / I_{\widetilde{Y}}^2$ est localement isomorphe à $\mathcal{O}_{\mathbb{P}_Y^r}(1)$ $(\mathbb{P}_Y^r = \mathbb{P}^r \times Y)$.

Voyons encore une autre construction de l'éclatement dans le cas où $X = \mathbb{C}^n$ et Y est défini par $z_1 = \ldots = z_k = 0$

Pour tout point $a = (0, \ldots, 0, z_{k+1}^o, \ldots, z_n^o) \in Y$ soit V_a le sous-espace linéaire de $\mathbb{C}^n$ défini par les équations $z_i = z_i^o$, $k + 1 \leq i \leq n$. Tout $z \in \mathbb{C}^n$ appartient à un (et un seul) V_a et tout point $t = (t_1, \ldots, t_K) \in \mathbb{P}^{k-1}$ détermine une droite de V_a. Les équations de $\widetilde{\mathbb{C}}^n$ dans $\mathbb{C}^n \times \mathbb{P}^{k-1}$ disent que (z, t) appartient à $\widetilde{\mathbb{C}}^n$ si et seulement si la droite de V_a déterminée par t contient z. Il s'ensuit que $\widetilde{\mathbb{C}}^n$ est un fibré holomorphe de rang 1 sur $Y \times \mathbb{P}^{k-1}$ qui n'est rien d'autre que $L(\mathcal{O}_{\mathbb{P}^{k-1}}(1))$ (§ 2).

En particulier si Y est un point a et X est un voisinage ouvert de a, $\tilde{X}$ est isomorphe à un voisinage de $\mathbb{P}^{n-1}$ dans $L(\mathcal{O}_{\mathbb{P}^{n-1}}(1))$.

2. En gardant les mêmes notations employées jusqu'ici nous allons rappeler encore d'autres propriétés des éclatements dont on fera usage dans la suite.

(5) Soit Z un autre sous-espace analytique de X d'idéal J tel que $Y \subset Z$; soit $\tilde{Z}$ le <u>transformé strict</u> de Z au moyen de f i.e. le plus petit sous-espace analytique fermé de X qui contient $f^{-1}(Z \setminus Y)$.
Alors $f_{|\tilde{Z}} : \tilde{Z} \to Z$ est l'éclatement de Z de centre Y.
Si $J_1 = f^{\star} J$ alors l'idéal $\tilde{J}$ de $\tilde{Z}$ dans $\tilde{X}$ est donné, en tout point $x \in \tilde{X}$, par
$\tilde{J}_x = \{h \in \mathcal{O}_{\tilde{X},x} : \exists\ m \in \mathbb{N}$ tel que $h\, \tilde{I}_x^m \subset J_{1,x}\}$.
En particulier si $J^k = (0)$ on trouve $\tilde{J}^k = (0)$. Il s'ensuit que si J est nilpotent $\tilde{J}$ l'est aussi;

(6) si X est réduit, $\tilde{X}$ l'est aussi;

(7) pour tout $n \in \mathbb{N}$ on a $I^n \mathcal{O}_{\tilde{X}} \approx \mathcal{O}_{\tilde{X}}(n)$ $(\tilde{X} = \mathrm{Proj\ an} \bigoplus_{m \geq 0} I^m)$; en particulier l'idéal $I_{\tilde{Y}}$ de $\tilde{Y}$ est isomorphe à $\mathcal{O}_{\tilde{X}}(1)$, donc, compte tenu du théorème de Grauert et Remmert (§ 2), il est f-ample.

CHAPITRE III

THEORIE DES MODIFICATIONS

Au point de vue historique la théorie des modifications a vu le jour au début du siècle avec le travail fondamental de Castelnuovo et Enriques sur les surfaces algébriques ([29]). La situation envisagée est la suivante: X' est une surface projective lisse, $C \subset X'$ une droite projective et l'on veut savoir sous quelles conditions C est la droite exceptionnelle d'un éclatement $f:X' \to X$ d'une surface projective lisse X. Le théorème de Castelnuovo et Enriques dit que ce problème a une solution (unique) si et seulement si le nombre d'autointersection C^2 de C dans X vaut -1 ([22]).

Dans le cas général on fixe un espace analytique (ou algébrique, ou un schéma etc...) de base S et dans la catégorie des S-espaces analytiques on se donne deux diagrammes

$$(C)\quad \begin{array}{ccc} Y' & \xrightarrow{i} & X' \\ {\scriptstyle p}\downarrow & & \\ Y & & \end{array} \qquad\qquad (D)\quad \begin{array}{ccc} Y' & & \\ {\scriptstyle q}\downarrow & & \\ Y & \xrightarrow{j} & X \end{array}$$

où p et q sont des morphismes propres et i et j sont des plongements fermés. Le probléme consiste à completer ces diagrammes avec

$$(C')\quad \begin{array}{ccc} Y' & \xrightarrow{i} & X' \\ {\scriptstyle p}\downarrow & & \downarrow{\scriptstyle f} \\ Y & \longrightarrow & X \end{array} \qquad\qquad (D')\quad \begin{array}{ccc} Y' & \longrightarrow & X' \\ {\scriptstyle q}\downarrow & & \downarrow{\scriptstyle g} \\ Y & \xrightarrow{j} & X \end{array}$$

de telle sorte que f et g soient des modifications analytiques i.e. f et g soient propres et leur restrictions à $X' \setminus Y'$ soient des isomorphismes.

(C) représente alors le problème de l'existence d'une contraction, (D) celui de l'existence d'une dilatation.

Les conditions de Castelnuovo et Enriques considerées dans le cas des surfaces peuvent se formuler (dans le cas (C)) en termes du fibré normal de Y' dans X' et seront à la base des conditions suffisantes pour l'existence dans le cas général (IV, § 1).

Les deux chapitres qui suivent sont consacrés respectivement au problème de la structure des modifications et au problème de l'existence.

§ 1. Modifications analytiques.

1. Revenons sur la définition de modification analytique qu'on a donnée dans l'introduction de ce chapitre. C'est un diagramme cartésien d'espaces analytiques (on prend ici, pour simplifier, l'espace de base S réduit à un point)

$$\begin{array}{ccc} Y' & \xrightarrow{i} & X' \\ {\scriptstyle p}\downarrow & & \downarrow{\scriptstyle f} \\ Y & \xrightarrow{j} & X \end{array}$$

tel que

M 1) Y' et Y soient des sous-espaces fermés rares de X' et X respectivement (i et j étant les plongements)

M 2) p et f sont des morphismes propres et surjectifs et f induit un isomorphisme de $X' \setminus Y'$ sur $X \setminus Y$.

On dit que X' est une dilatation de X le long de Y (ou le long de p) et que X est une contraction de X' le long de Y' (ou le long de p).

L'espace Y' est appelé le <u>sous-ensemble exceptionnel</u> de la modification donnée.

Pour indiquer une modification on emploiera les notations $(p,f):(Y',X') \rightarrow (Y,X)$ ou $f:(Y',X') \rightarrow (Y,X)$ ou plus simplement $f:X' \rightarrow X$.

On dit que Y' est <u>contractible à</u> Y <u>dans</u> X' s'il existe une modification $(p,f):(Y',X') \rightarrow (Y,X)$ et que Y' est contractible dans X' tout court si Y est discret. Si $f:X' \rightarrow X$ est une modification analytique (ou plus généralement un morphisme surjectif d'espaces analytiques) pour tout sous-ensemble U de X on note $X'_{|U}$ le sous-ensemble $f^{-1}(U)$.

Si $f:X' \rightarrow X$ est une modification d'espaces analytiques réduits, pour toute composante irréductible X'_i de X', la restriction de f à X'_i est une modification $f_i:X'_i \rightarrow X_i$ où $X_i = f(X'_i)$; en outre chaque composante irréductible de X est de la forme $f(X'_i)$; il s'ensui que $\dim_{\mathbb{C}} X' = \dim_{\mathbb{C}} X$.

2. La normalisation d'un espace analytique (réduit) et les éclatements fournissent des exemples de modifications.

L'importance des éclatements dans la théorie des modifications analytiques est bien mise en évidence par le lemme de Chow local qui assure que toute modification d'espaces analytiques réduits est localement dominée par un éclatement, précisément

<u>Théorème</u> 1. <u>Soit</u> $f:(Y',X') \rightarrow (Y,X)$ <u>une modification analytique où</u> X' <u>et</u> X <u>sont réduits</u>. <u>Pour tout ouvert relativement compact</u> $U \subset X$ <u>il existe un sous-ensemble analytique fermé</u> $A \subset U$ <u>tel que</u> $A_{red} \subset Y_{red} \cap U$ <u>et un diagramme commutatif</u>

$$\begin{array}{ccc} X'' & \xrightarrow{q} & X'_{|U} \\ & {\scriptstyle p}\searrow \quad \swarrow{\scriptstyle f} & \\ & U & \end{array}$$

où p *est l'éclatement de* U *de centre* A *et* q *l'éclatement de* $X'_{|U}$ *de centre* $f^{-1}(A)$.

La démonstration du théorème est due a Hironaka ([48], [51]). Il existe aussi un enoncé global du théorème mais le cas local nous suffira dans la suite.

On établira plus tard (V, § 2) un lemme de Chow local dans le cas non réduit.

§ 2. *Modifications formelles*.

1. Soient $f:X' \to X$ un morphisme d'espaces analytiques, $Y \subset X$ et $Y' \subset X'$ deux sous-espaces analytiques fermés tels que $f^{-1}(Y) = Y'$, I l'idéal de Y et $I' = I\,\mathcal{O}_{X'}$ l'idéal de Y'.

Soient $J(f)$ et $\mathcal{C}(f)$ le faisceau jacobien et le faisceau de Cramer de f respectivement (I, § 3).

Soient $\Delta: X' \to X' \times_X X'$ l'application diagonale, $\mathcal{D}$ l'idéal de X' dans $X' \times_X X'$ et I" l'idéal de $Y' \times_Y Y'$ dans $X' \times_X X'$.

Proposition 2. $f:(Y',X') \to (Y,X)$ *est une modification analytique si et seulement si les conditions suivantes sont remplies*:

(i) f *est propre*

(ii) *pour tout* $y \in X'$ *il existe un entier* h *tel que* $I'^{h}_{y} \subset J(f)_y \cap \mathcal{C}(f)_y$

(iii) *pour tout point* $z \in X' \times_X X'$ *il existe un entier* m *tel que* $I''^{m}\mathcal{D} = (0)$ *au voisinage de* z

(iv) <u>la restriction de</u> f <u>à</u> $X'\setminus Y'$ <u>est un morphisme surjectif</u>.

La propriété (ii) signifie, d'après la proposition 4 du chapitre I, que f est un isomorphe local aux points de $X'\setminus Y'$ et la propriété (iii) signifie que f est injectif en dehors de Y'.

Les trois premières conditions ci-dessus gardent leur sens aussi dans la catégorie des espaces analytiques formels. Comme nous avons en vue la définition de modification formelle et donc nous aurons à considerer le cas où X' et Y' sont des espaces analytiques formels avec le même support, il faut transformer la condition (iv).

Pour cela établissons la proposition suivante:

<u>Proposition</u> 3. f <u>est une modification</u> $(Y',X') \to (Y,X)$ <u>si et seulement si elle vérifie les proprietés</u> (i), (ii), (iii) <u>et la propriété suivante</u>:

(iv') <u>soient</u> $x \in X$ et $h:\hat{\mathcal{O}}_{X,x} \to \mathbb{C}[[t]]$ <u>un</u> $\mathbb{C}$-<u>homomorphisme local adique</u> (t <u>étant une indéterminée</u>); <u>il existe alors un point</u> $x' \in X'$ <u>tel que</u> $f(x') = x$ <u>et un</u> $\mathbb{C}$-<u>homomorphisme local adique</u> $h':\hat{\mathcal{O}}_{X',x'} \to \mathbb{C}[[t]]$ <u>qui relève</u> h.

<u>Preuve</u>. Supposons que f satisfait (i),..,(iv'). D'après (i), (ii), (iii), f est propre, injectif en dehors de Y' et un isomorphisme local aux points de $X'\setminus Y'$. Il reste à montrer que f est surjectif.

Si $x \in X$, on peut trouver une courbe analytique C d'un voisinage ouvert U de x dans X, réduite et irréductible. Quitte à restreindre U, on peut supposer que la normalisation de C soit un disque $D \subset \mathbb{C}$. Le morphisme composé $D \to C \to X$ induit un homomorphisme de $\mathbb{C}$-algèbres $\mathcal{O}_{X,x} \to \mathbb{C}\{t\}$ (t coordonée dans $\mathbb{C}$) donc par complétion un homomorphisme $\hat{\mathcal{O}}_{X,x} \to \mathbb{C}[[t]]$ qui est local et adique.

D'après (iv') il existe $x' \in X$ tel que $f(x') = x$.

Supposons réciproquement que f soit une modification analytique

$(Y',X') \to (Y,X)$. On vérifie facilement (i), (ii), (iii). Pour prouver (iv') remarquons d'abord qu'on peut supposer X' et X réduits, puisque $\mathbb{C}[[t]]$ est un domaine d'integrité. Alors au moyen du lemme de Chow on se ramène au cas où f est un éclatement. Encore, on peut supposer que X est de Stein et qu'il existe un éclatement de schémas $g:Z \to A = \operatorname{Spec} \Gamma(X,\mathcal{O}_X)$ tel que $X' = Z^{an}$ et $f = g^{an}$ (II, § 1). Si M est l'idéal maximal de A correspondant à x, on a $\hat{A}_M \approx \hat{\mathcal{O}}_{X,x}$. Il suffit donc d'établir (iv') dans le cas algébrique; pour cela voir [44] (II, critère valuatif de propreté).

2. Soit $f:\mathcal{X}' \to \mathcal{X}$ un morphisme adique d'espaces analytiques formels, $x' \in \mathcal{X}'$ et $x = f(x')$. En tant que $\mathcal{O}_{\mathcal{X},x}$-algèbre, $\mathcal{O}_{\mathcal{X}',x'}$ est isomorphe à un quotient $\mathcal{O}_{\mathcal{X},x}\{T_1,..,T_N\}^{-}/\mathcal{B}$ (I, § 2).

La proposition qu'on vient de démontrer suggère la définition suivante (qui est due à M. Artin ([15])).

Un morphisme adique $f:\mathcal{X}' \to \mathcal{X}$ d'espaces analytiques formels est dit <u>modification formelle</u> si

(i) f est propre et surjectif;

(ii) pour tout $y \in \mathcal{X}'$ il existe un idéal de définition I de $\mathcal{X}'$ tel que $I_y \subset J(f)_y \cap C(f)_y$;

(iii) soit $\mathcal{D}$ l'idéal qui définit $\mathcal{X}'$ comme sous-espace de $\mathcal{X}' \times_{\mathcal{X}} \mathcal{X}'$ au moyen du plongement diagonal; si I'' est un idéal de définition de $\mathcal{X}' \times_{\mathcal{X}} \mathcal{X}'$, pour tout point z de $\mathcal{X}' \times_{\mathcal{X}} \mathcal{X}'$ il existe un entier m tel que $I''^m \mathcal{D} = (0)$ au voisinage de z;

(iv) si $\mathbb{K}$ est l'espace analytique formel $(0,\mathbb{C}[[t]])$ tout morphisme adique $g: \mathbb{K} \to \mathcal{X}$ se relève en un morphisme $g': \mathbb{K} \to \mathcal{X}'$.

<u>Remarque</u>. Le morphisme $g': \mathbb{K} \to \mathcal{X}'$ qui relève g est unique.

En effet supposons que g'' soit un autre relèvement de g. Il nous suffit de prouver que le noyau N de la double flèche $\overset{g'}{\underset{g''}{\rightrightarrows}}$ coïncide avec $\mathbb{K}$. N est défini par le diagramme cartésien

$$\begin{array}{ccc} N & \longrightarrow & \mathbb{K} \\ \downarrow & & \downarrow \\ X' & \longrightarrow & X'\underset{X}{\times}X' \end{array}$$

Soit Q l'idéal de N dans $\mathbb{K}$. Comme $\mathcal{D}$ est annulé par une puissance de I", Q est annulé par une puissance de $I''\,\mathcal{O}_{\mathbb{K}}$. Or $I''\,\mathcal{O}_{\mathbb{K}}$ est un idéal de définition de $\mathbb{K}$, donc il contient une puissance de t; il s'ensuit que $Q = (0)$, donc $N = \mathbb{K}$.

La proposition précédente donne tout de suite la

Proposition 4. *Soit* $f:(Y',X') \longrightarrow (Y,X)$ *une modification analytique. Si* $\mathcal{X}' = \hat{X}'_{|Y'}$, $\mathcal{X} = \hat{X}_{|Y}$ *alors le complété formel* $\hat{f}$ *de* f *est une modification formelle* $\mathcal{X}' \longrightarrow \mathcal{X}$.

Il n'est pas difficile de vérifier que

Proposition 5. *Une composition* $\mathcal{X}'' \longrightarrow \mathcal{X}' \longrightarrow \mathcal{X}$ *de modifications formelles est une modification formelle. Si* $f:\mathcal{X}' \longrightarrow \mathcal{X}$ *est une modification formelle et* $g:\mathcal{X}'' \longrightarrow \mathcal{X}$ *un morphisme adique, la projection* $\mathcal{X}'' \underset{\mathcal{X}}{\times} \mathcal{X}' \longrightarrow \mathcal{X}''$ *est une modification formelle.*

3. Comme exemples de modifications formelles nous avons les *éclatements formels*. Pour cela soient $\mathcal{X}$ un espace analytique formel, J un $\mathcal{O}_{\mathcal{X}}$-idéal cohérent tel que pour tout $x \in \mathcal{X}$ il existe un idéal de définition I de $\mathcal{O}_{\mathcal{X}}$ avec $I_x \subset J_x$ (et on dira alors que J *contient localement un idéal de définition de* $\mathcal{O}_{\mathcal{X}}$). On veut définir l'*éclatement* $f:\mathcal{X}' \longrightarrow \mathcal{X}$ de $\mathcal{X}$ de *centre* J.

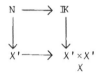

Supposons d'abord que $\mathcal{X}$ soit de Stein et que $B = \Gamma(X,J)$ soit un idéal de type fini de l'anneau $A = \Gamma(\mathcal{X},\mathcal{O}_{\mathcal{X}})$; soit $g:X \to \operatorname{Spec} A$ l'éclatement de $\operatorname{Spec} A$ de centre l'idéal $\tilde{B} = B\,\mathcal{O}_{\operatorname{Spec} A}$ ([44],II).

D'après le paragraphe 1 du chapitre II on peut associer à X l'espace analytique formel X^{an} et à g un morphisme $g^{an}:X^{an} \to \mathcal{X}$; on pose $\mathcal{X}' = X^{an}$ et $f = g^{an}$. Remarquons que $g^{\star}\tilde{B}$ est inversible dans X, donc $f^{\star} J = (g^{\star}\tilde{B})^{an}$ est inversible dans $\mathcal{X}'$.

Dans le cas général soit $\{U_i\}_{i \in I}$ un recouvrement de $\mathcal{X}$ par des ouverts de Stein tels que pour tout $i \in I$, $B_i = \Gamma(U_i,J)$ soit un idéal de type fini de $A_i = \Gamma(U_i,\mathcal{O}_{\mathcal{X}})$; on construit pour tout $i \in I$ les éclatements $g_i:X_i \to \operatorname{Spec} A_i$ et les morphismes $f_i:\mathcal{X}_i' \to U_i$ avec $f_i = g_i^{an}$ et $\mathcal{X}_i' = X_i^{an}$; d'après l'unicité des éclatements des schémas on peut construir, par recollement des $\mathcal{X}_i'$, un espace analytique formel $\mathcal{X}'$ et un morphisme $f:\mathcal{X}' \to \mathcal{X}$ qu'on appelle <u>éclatement de</u> $\mathcal{X}$ <u>de centre</u> J. Par construction, l'idéal $f^{\star} J$ est inversible dans $\mathcal{X}'$; en outre f est une modification formelle.

La proposition ci-dessous donne une relation entre les éclatements ordinaires et les éclatements formels.

Soient $f:(Y',X') \to (Y,X)$ une modification d'espaces analytiques, $\hat{f}:\mathcal{X}' \to \mathcal{X}$ le complété formel de f, J un idéal de $\mathcal{O}_X$. Supposons que le sous-espace de X défini par J soit inclus dans Y.

<u>Proposition</u> 6. <u>Soit</u> $\hat{\mathcal{J}}$ <u>l'idéal de</u> $\mathcal{X}$ <u>induit par</u> $\hat{\mathcal{J}}$. <u>Alors</u> J <u>contient localement un idéal de définition de</u> $\mathcal{X}$ <u>et</u> f <u>est l'éclatement de</u> X <u>de centre</u> J <u>si et seulement si</u> $\hat{f}$ <u>est l'éclatement de</u> $\mathcal{X}$ <u>de centre</u> $\hat{\mathcal{J}}$.

<u>Preuve</u>. Il est clair que $\hat{\mathcal{J}}$ contient localement un idéal de définition de $\mathcal{X}$.

On peut supposer que X soit de Stein et que $B = \Gamma(X,J)$ soit un idéal de type fini de $A = \Gamma(X,\mathcal{O}_X)$.

Supposons que f soit l'éclatement de X de centre J; alors si $g:T \to \operatorname{Spec} A$ est l'éclatement de Spec A de centre l'idéal défini par B, on a $T^{an} = X$ et $g^{an} = f$.

L'anneau $\bar{A} = \Gamma(\mathcal{X},\mathcal{O}_{\mathcal{X}})$ est le complété de A par rapport à la topologie $\Gamma(X,I)$-adique, I étant l'idéal de $\mathcal{O}_X$ qui définit Y. Envisageons le diagramme cartésien

$$\begin{array}{ccc} \bar{T} & \longrightarrow & T \\ {\scriptstyle \bar{g}}\downarrow & & \downarrow{\scriptstyle g} \\ \operatorname{Spec} \bar{A} & \longrightarrow & \operatorname{Spec} A \end{array}$$

où $\bar{T} = T \times_{\operatorname{Spec} A} \operatorname{Spec} \bar{A}$. Alors $\bar{g}:\bar{T} \to \operatorname{Spec} \bar{A}$ est l'éclatement de $\operatorname{Spec} \bar{A}$ de centre l'idéal défini par $\Gamma(\mathcal{X},\hat{J})$, donc $\bar{g}^{an}:\bar{T}^{an} \to \mathcal{X}$ est, par définition, l'éclatement de $\mathcal{X}$ de centre $\hat{J}$. D'autre part on a des isomorphismes naturels $\bar{T}^{an} \simeq T^{an} \times_X \mathcal{X} \simeq X' \times_X \mathcal{X} \simeq \mathcal{X}'$ ([24]) et de plus $\bar{g}^{an} = \hat{f}$; donc $\hat{f}$ est l'éclatement de $\mathcal{X}$ de centre $\hat{J}$.

Réciproquement, supposons que f soit l'éclatement de $\mathcal{X}$ de centre $\hat{J}$. Le complété de l'idéal $f^{*} J$ le long de Y' est isomorphe à $f^{*} \hat{J}$ donc il est inversible dans $\mathcal{X}'$; il s'ensuit que $f^{*} J$ est inversible dans X' au voisinage de Y', donc partout. Soit $g:(Y'',X'') \to (Y,X)$ l'éclatement de X de centre J. Il existe un morphisme $h:(Y',X') \to (Y'',X'')$ tel que $f = g \circ h$. D'après la première partie de la démonstration, le complété $\hat{g}:\mathcal{X}'' \to \mathcal{X}$ de g est l'éclatement de $\mathcal{X}$ de centre $\hat{J}$, ainsi que $\hat{f}$. Il s'ensuit que h est une modification qui induit un isomorphisme $\hat{h}:\mathcal{X}' \to \mathcal{X}''$ et donc que h est un isomorphisme.

4. On va maintenant examiner le problème de l'unicité des modifications analytiques. Précisément soient

$$\begin{array}{ccc} Y' & \xrightarrow{i} & X' \\ {\scriptstyle p}\downarrow & & \downarrow{\scriptstyle f} \\ Y & \xrightarrow{j} & X \end{array} \qquad \begin{array}{ccc} Y' & \xrightarrow{i'} & X'_1 \\ {\scriptstyle p}\downarrow & & \downarrow{\scriptstyle f'} \\ Y & \xrightarrow{j} & X \end{array} \qquad \begin{array}{ccc} Y' & \xrightarrow{i} & X' \\ {\scriptstyle p}\downarrow & & \downarrow{\scriptstyle f_1} \\ Y & \xrightarrow{j'} & X_1 \end{array}$$

trois modifications analytiques. Est-il vrai en général qu'il existe un isomorphisme $X' \simeq X'_1$ compatible avec f et f' (unicité des dilatations) ou un isomorphisme $X \simeq X_1$ compatible avec f et f_1 (unicité des contractions)? La réponse est en général négative comme le montrent des exemples triviaux.

Si X et X_1 sont normaux il est facile de voir qu'un isomorphisme $X \simeq X_1$ existe; c'est à dire une contraction $f:(Y',X') \to (Y,X)$, où X est normal aux points de Y, est univoquement déterminée par sa restriction à Y'. Par contre dans le cas de dilatations il ne suffit même pas de supposer X' et X'_1 lisses comme le montre l'exemple suivant ([59]).

Soient $X = \mathbb{P}^2$, $z \in \mathbb{P}^2$, $q:\tilde{X} \to \mathbb{P}^2$ l'éclatement de z dans $\mathbb{P}^2$, $\ell \subset \tilde{X}$ le diviseur exceptionnel.

Soient $x \in \ell$, $q':\tilde{X}' \to \tilde{X}$ l'éclatement de centre x, ℓ' le diviseur exceptionnel de q' et ℓ_1 le transformé strict de ℓ. Soient encore $x_1 \in \ell_1 \setminus \ell'$ $x_2 \in \ell' \setminus \ell_1$ et $q_1:X'_1 \to \tilde{X}'$, $q_2:X'_2 \to \tilde{X}'$ les éclatements de $\tilde{X}'$ de centre x_1 et x_2 respectivement. Soient $f_1 = q \circ q' \circ q_1 : X'_1 \to X$ et $f_2 = q \circ q' \circ q_2 : X'_2 \to X$; ce sont deux modifications en un point, dont les sous-espaces exceptionnels sont formés de trois droites projectives qui se coupent deux à deux en un point, donc ils sont isomorphes. Mais les nombres d'autointersection des trois droites sont $-1, -1, -3$ dans X'_1 et $-1, -1, -2$ dans X'_2 donc il n'existe aucun isomorphisme de X'_1 sur X'_2 compatible avec f_1 et f_2.

L'unicité des dilatations et des contractions est néanmoins assurée si l'on suppose que les complétés formels de X' et X'_1 le long de Y' (respectivement de X et X_1 le long de Y) sont isomorphes.

Soient $\mathcal{X}'$ et $\mathcal{X}'_1$ les complétés formels $\hat{X}'_{|Y'}$ et $\hat{X}'_{1|Y'}$ et soient $\mathcal{X}$ et $\mathcal{X}_1$ les complétés formels $\hat{X}_{|Y}$ et $\hat{X}_{1|Y}$.

Théorème 7. (a) S'il existe un isomorphisme adique $g:\mathcal{X}' \overset{\sim}{\rightarrow} \mathcal{X}'_1$ compatible avec $\hat{f}$ et $\hat{f}'$, alors il existe un isomorphisme $h:X \overset{\sim}{\rightarrow} X'_1$ compatible avec f et f' qui induit g (unicité des dilatations).
(b) S'il existe un isomorphisme adique $g:\mathcal{X} \overset{\sim}{\rightarrow} \mathcal{X}_1$ compatible avec $\hat{f}$ et $\hat{f}_1$ alors il existe un isomorphisme $h:X \overset{\sim}{\rightarrow} X_1$ compatible avec f et f_1 qui induit h (unicité des contractions).

Pour la démonstration nous renvoyons à [15] (lemma 7.9).

Remarque. Les considérations et les propriétés mises en évidence dans les n°s 3 et 4 sont valables aussi dans le cadre des espaces algébriques pourvu que les morphisme d'espaces algébriques (ordinaires et formels) considérés soient de type fini.

§ 3. Applications méromorphes

1. Soient X un espace analytique irréductible, $A \subset X$ un sous-ensemble analytique rare et f une application holomorphe de $X \setminus A$ dans un espace analytique Y. Soit $\Gamma_f \subset (X \setminus A) \times Y$ le graphe de f.

On dit que f est une application méromorphe (au sens de Remmert ([80])) si la fermeture $\bar{\Gamma}_f$ de Γ_f dans $X \times Y$ est un sous-ensemble analytique.

C'est l'analogue en Géométrie analytique de la notion d'application rationnelle entre variétés algébriques. Dans ce cas là la donnée d'une telle application $X \rightarrow Y$ équivaut à la donnée d'un homomorphisme $R(Y) \rightarrow R(X)$ des corps des fonctions rationnelles.

Revenons au cas analytique et soit $f:X \to Y$ une application méromorphe. Pour tout $x \in X$ posons

$$f(x) = p\ ((\{x\} \times Y) \cap \bar{\Gamma}$$

p_Y étant la projection sur Y et $\bar{\Gamma} = \bar{\Gamma}_f$.

Nous dirons que f est sans <u>lacunes</u> si pour tout $x \in X$ l'ensemble $f(x)$ est non vide, analytique et compact; c'est à dire la projection sur X, $p_{X|\bar{\Gamma}}$ est une modification (c'est toujours le cas lorsque Y est compact). On dit que f est une <u>application biméromorphe</u> si $p_{Y|\bar{\Gamma}}$ aussi est une modification. Si f est une application biméromorphe partout définie on dit que f est un <u>morphisme biméromorphe</u>.

Soit $f:X \to Y$ une application méromorphe.

Un point $x \in X$ est dit <u>régulier</u> pour f s'il existe un ouvert U, $x \in U$, et une application holomorphe $g:U \to Y$ telle que $g_{|U\setminus A} = f_{|U\setminus A}$.

En particulier si x est régulier pour f alors $f(x)$ est un point.

L'ensemble des points réguliers pour f est un ouvert de X; son complément $\Sigma(f)$ est appelé l'ensemble des <u>points singuliers</u> de f.

On peut démontrer que si X est normal et f n'a pas de lacunes alors $\Sigma(f)$ est un sous-ensemble analytique de codimension ≥ 2 en tout point.

Le théorème qui suit caractérise les points réguliers d'une application méromorphe $f:X \to Y$ et peut être regardé comme l'analogue en Géométrie analytique du "Main Theorem" de Zariski ([84]).

<u>Théorème</u> 8. <u>Soit</u> X <u>un espace analytique normal et</u> $f:X \to Y$ <u>une application méromorphe</u>. <u>Alors pour tout point</u> $x \in X$

(i) $f(x)$ <u>est connexe</u>

(ii) <u>si</u> $f(x)$ <u>est un point</u>, f <u>est régulière en</u> x.

Pour la démonstration voir [86].

2. Supposons maintenant $Y = \mathbb{P}^n$ et soient $h_0,\dots,h_n$ des fonctions holomorphes sur X (ou des sections holomorphes d'un fibré de rang 1) dont au moins une soit non identiquement nulle.

Soit A le sous-ensemble analytique défini par $h_i = 0$, $0 \leq i \leq n$ et soit $f: X\setminus A \to \mathbb{P}^n$ l'application holomorphe $x \to (h_0(x),\dots,h_n(x))$. On vérifie facilement que f est une application méromorphe de X dans $\mathbb{P}^n$. Réciproquement on a le résultat suivant

<u>Théorème</u> 9. <u>Toute application méromorphe d'un espace analytique irréductible dans</u> $\mathbb{P}^n$ <u>est localement définie par</u> $n+1$ <u>fonctions holomorphes</u>.

<u>Preuve</u> (d'après Douady). Nous pouvons supposer que X est un sous-ensemble analytique normal d'un ouvert de $\mathbb{C}^m$. Posons $\mathbb{P}^n = \mathbb{C}^n \cup \mathbb{P}^{n-1}_\infty$ (c'est à dire choisissons un hyperplan "à l'infini" $\mathbb{P}^{n-1}_\infty$) et soient $\Sigma = \Sigma(f)$ et $X_1 = \Sigma \cup f^{-1}(\mathbb{P}^{n-1}_\infty)$.

La restriction de f à $X\setminus X_1$ est une application holomorphe $X\setminus X_1 \to \mathbb{C}^n$, donnée par $f_1,\dots,f_n$.

Il suffit de démontrer que les fonctions $f_1,\dots,f_n$ sont méromorphes (au sens ordinaire) parce qu' alors on aura localement $f_j = h_j/h_o$, $1 \leq i \leq n$ et de là la conclusion.

Soit $x_o \in X_1$ et soit $g \not\equiv 0$ une fonction holomorphe dans un voisinage compact U de x_o, nulle sur $U \cap X_1$; il existe une costante $c > 0$ telle que $|g(x)| \leq c\, d(x,X_1)$ (d étant la fonction "distance de X_1"). Soit ρ la distance dans $X \times \mathbb{P}^n$; d'après Łojasiewicz ([66] on sait que les sous-ensembles analytiques $\bar{\Gamma} = \bar{\Gamma}_f$ et $A = X \times \mathbb{P}^{n-1}_\infty$ sont <u>régulièrement situés</u> dans $X \times \mathbb{P}^n$; c'est à dire: pour tout compact $K \subset \bar{\Gamma}$ il existe deux constantes positives α et c_1 telles que

$$\rho(z, A \cap \bar{\Gamma})^{\alpha} \leq c_1 \, \rho(z, A)$$

pour tout $z = (x, f(x)) \in K$.

Posons $\|f(x)\| = \sup_{1 \leq i \leq n} |f_i(x)|$. La quantité $\rho(z)\|f(x)\|$ reste bornée sur $U \setminus X_1$ donc de l'inégalité précedente on obtient l'inégalité

$$\sup_{x \in U \setminus X_1} \|f(x)\| \leq \frac{c}{d(x, X_1)^{\alpha}}$$

c étant une constante.

Il s'ensuit que pour un entier m convenable les fonctions $g^m f_j$, $1 \leq j \leq n$, sont bornées au voisinage de x_o, donc qu'elles sont holomorphes parce que X est normal. Ceci achève la démonstration.

<u>Corollaire</u> 10. <u>Toute application méromorphe</u> $X \longrightarrow \mathbb{P}^1$ <u>est une fonction méromorphe (au sens ordinaire)</u>.

La proposition suivante précise la dimension du sous-ensemble des points singuliers d'une application méromorphe $X \longrightarrow \mathbb{P}^n$.

<u>Proposition</u> 11. <u>Soient</u> X <u>un espace analytique connexe et localement factoriel et</u> $f: X \longrightarrow \mathbb{P}^n$ <u>une application méromorphe</u>. <u>Alors</u> $\Sigma(f)$ <u>est un sous-ensemble analytique et en tout point</u> $x \in \Sigma(f)$ <u>on a l'inégalité</u> $2 \leq \operatorname{codim}_{\mathbb{C}} \Sigma(f) \leq n + 1$.

<u>Preuve</u>. La propriété est locale donc on peut supposer que f est définie par $n + 1$ fonctions holomorphes $h_0, \ldots, h_n$ et de plus que $h_0, \ldots, h_n$ n'ont pas de facteurs communs.

Soient $B_i = h_i^{-1}(0)$, $0 \leq i \leq n$ et $B = B_0 \cap \ldots \cap B_n$.

L'hypothèse faite sur les h_i entraîne qu'en un point $x \in X$, B est de codimension ≥ 2 ([77]).

On a $\Sigma(f) \subset B$ et on va prouver, par récurrence sur n, que $\Sigma(f) = B$.

Soit, si possible, $x \in B \setminus \Sigma(f)$ et envisageons l'application méromorphe $g:X \to \mathbb{P}^{n-1}$ définie par $h_0,..,h_{n-1}$. Deux cas sont possibles: les germes $(h_0)_x,..,(h_{n-1})_x$ sont copremiers, ou bien ils ont un facteur λ en commun. Dans le premier cas, à cause de l'hypothèse de récurrence on a $x \in \Sigma(g)$ et donc, compte tenu du théorème 8, $g(x)$ contient deux points distincts a et b. Soient $\{x_\nu\},\{y_\nu\}$ deux suites dans $X \setminus B_0 \cap .. \cap B_{n-1}$ telles que $g(x_\nu) \to a$ et $g(y_\nu) \to b$.

Comme x est un point régulier pour f et les points $f(x_\nu)$ et $f(y_\nu)$ sont respectivement sur les droites de $\mathbb{P}^n$ déterminées par $(0,..,0,1)$, $g(x_\nu)$ et par $(0,..,0,1)$, $g(y_\nu)$ il s'ensuit que $f(x) = (0,..,0,1)$, ce qui est absurde (il suffit de considérer une suite $\{x_\nu\} \subset B_n \setminus B$ qui tend vers x).

Dans l'autre cas soit $\Delta = \lambda^{-1}(0)$: alors $\Delta \setminus B$ n'est pas vide, donc en envisageant une suite $\{x_\nu\} \subset \Delta \setminus B$ qui tend vers x on aurait encore $f(x) = (0,..,0,1)$.

Ceci achève la démonstration.

En particulier si $\dim_{\mathbb{C}} X \geq n+1$ pour toute application méromorphe $X \to \mathbb{P}^n$ le sous-ensemble des points singuliers n'est pas vide.

§ 4. Théorèmes de structure des modifications analytiques.

1. Dans tout ce paragraphe les espaces analytiques considerés seront supposés réduits.

Soit $f:(Y',X') \to (Y,X)$ une modification analytique. En général on ne peut rien dire sur la dimension du sous-ensemble exceptionnel, sauf le fait que si X est normal le long de Y et f n'est pas un isomorphisme local aux points de Y', alors $\dim_{\mathbb{C}} Y' \geq 1$ (prop. 13)

Par exemple si $Y' = \mathbb{P}^1$ et $X' = L(\mathcal{O}_{\mathbb{P}^1}(1) \oplus \mathcal{O}_{\mathbb{P}^1}(1))$ (II, § 2), Y' vérifie dans X' la condition de contractibilité de Grauert (IV, § 1) et il est de codimension 2. En particulier la modification qui en résulte ne peut pas être (isomorphe à) un éclatement.

Dans ce qui suit nous allons donner quelques résultats concernants le problème de la dimension d'un sous-ensemble exceptionnel et celui de voir sous quelles conditions une modification est un éclatement.

Notons M_X le faisceau des germes de fonctions méromorphes sur X. On écrira $M(X)$ au lieu de $M_X(X)$.

Pour $f \in M(X)$ soient $(f)_\infty$ l'ensemble des pôles de f et $(f)_0$ l'ensembles des zéros de f.

On a le théorème suivant

Théorème 12. Soient X' un espace analytique connexe et normal et X un espace analytique irréductible de Stein. A tout $\mathbb{C}$-homomorphisme de corps $f^\star : M(X) \to M(X')$ qui induit l'identité sur $\mathbb{C}$ il correspond un et un seul morphisme $f : X' \to X$ tel que $f^\star(h) = h \circ f$ pour tout $h \in M(X)$.

Pour la démonstration voir [64].

Comme conséquence on a les trois propositions suivantes:

Proposition 13. Soit $f : Y \to X$ un morphisme d'espaces de Stein tel que

(i) $f^\star : M(X) \to M(Y)$ soit un isomorphisme

(ii) f soit à fibres finies.

Soit $\nu : X^\star \to X$ la normalisation de X. Il existe un morphisme $g : X^\star \to Y$ tel que $f \circ g = \nu$.

Proposition 14. Soient Y un espace analytique, X un espace de Stein normal, $f : Y \to X$ un morphisme propre, à fibres finies tel que $f^\star : M(X) \to M(Y)$ soit un isomorphisme. Alors f est un isomorphisme.

Proposition 15. Soient X un espace de Stein normal, Y un espace analytique connexe, $f : Y \to X$ un morphisme propre tel que $f^\star : M(X) \to M(Y)$ soit un isomorphisme. Alors les fibres de f sont connexes.

Pour les démonstrations de ces propositions voir [87].

2. Soit $f:(Y',X') \longrightarrow (Y,X)$ une modification analytique. On vérifie sans peine que:

(i) l'homomorphisme naturel $\mathcal{M}_X \to f_*\mathcal{M}_{X'}$ est un isomorphisme

(ii) si $A \subset Y$ et U est un voisinage ouvert de $f^{-1}(A)$, alors $f(U)$ est un voisinage ouvert de A.

On dit qu'un espace analytique X est <u>méromorphiquement séparé</u> si pour tout couple x,y de points de X il existe $f \in \mathcal{M}(X)$ tel que $x \in (f)_\infty \setminus (f)_0$ et $y \notin (f)_\infty$.

Soit $f:X' \to X$ un morphisme d'espaces analytiques. On note $\Omega(f)$ l'ensemble (ouvert) des points $x \in X'$ tel que f soit un isomorphisme local en x et l'on pose $S(f) = X' \setminus \Omega(f)$.

Notons Fact (X) l'ensemble des points $x \in X$ tels que $\mathcal{O}_{X,x}$ soit factoriel.

<u>Théorème</u> 16. <u>Soit</u> $f:(Y',X') \to (Y,X)$ <u>une modification d'espaces analytiques</u>. <u>Supposons que</u> X' <u>soit méromorphiquement séparé</u>. <u>Alors toute composante irréductible</u> Y_1' <u>de</u> Y <u>telle que</u>

(i) $Y_1' \cap S(f) \neq \emptyset$

(ii) $f(Y_1' \cap S(f)) \cap \text{Fact}(X) \neq \emptyset$

<u>est de condimension</u> 1 <u>en tout point</u>.

<u>Preuve</u>. Soit $Y' = \bigcup_{j=1}^{\infty} Y_j'$ la décomposition de Y' en composantes irréductibles et soit $x \in Y_1' \cap S(f)$ tel que $y = f(x) \in \text{Fact}(X)$. Remarquons d'abord que $f^{-1}(y)$ n'est pas réduit à un point. En effet si $f^{-1}(y) = \{x\}$, il existe un voisinage de Stein V de x dans X', un voisinage de Stein U de y dans X, tels que $f(V) \subset U$ et que $f_{|V}:V \to U$ soit propre et à fibres finies; comme X est factoriel, donc normal en y, on peut supposer U normal et irréductible; quitte à remplacer V par une de ses composantes irréductibles, on peut sup-

poser aussi V irréductible, donc que $f(V) = U$ et que $f_{|V}: V \longrightarrow U$ est une modification. D'après la propriété (i) et la proposition 14 on conclut que $f_{|V}$ est un isomorphisme, ce qui est absurde puisque $x \in S(f)$.

Soient donc $p, q \in f^{-1}(y)$, $p \neq q$, et soit $h \in M(X')$ tel que $q \notin (h)_\infty$, $p \in (h)_\infty \setminus (h)_0$ et $h(q) = 0$. Alors au voisinage de $f^{-1}(y)$ on peut écrire $h = f^\star(a/b)$, $a, b \in \mathcal{O}_{X,y}$, où a et b sont copremiers. On a $a(y) = b(y) = 0$, donc le sous-ensemble analytique A défini par a et b au voisinage de y, n'est pas vide et il a codimension pure égale à 2. On peut supposer a et b définis sur U. Sur $f^{-1}(U)$ l'équation $f^\star b = 0$ définit un sous-ensemble analytique H de codimension pure 1, tel que $H \subset Y'$.

Supposons par l'absurde que Y'_1 soit de codimension plus grande que 1. Alors $H \setminus Y'_1 \neq \emptyset$ et $H \setminus Y'_1 \setminus (h)_\infty \neq \emptyset$ (puisque $q \in H \setminus (h)_\infty$).

Soit $\bar{x} \in H \setminus Y'_1 \setminus (h)_\infty$ tel que $\bar{x} \in \bigcup_{j=2}^{\infty} Y'_j$; h est holomorphe sur un voisinage ouvert $W \subset f^{-1}(U) \setminus Y'_1$ de $\bar{x}$ et $h = f^\star a / f^\star b$ sur $f^{-1}(U)$.

De $f^\star b_{|W \cap H} \equiv 0$ on tire $f^\star a_{|W \cap H} \equiv 0$ et donc que $f(W \cap H)$ est isomorphe à $f(W) \cap A$, ce qui est impossible à cause des dimensions.

Ceci achève la démonstration.

<u>Corollaire</u> 17. <u>Soit</u> $f: (Y', X') \longrightarrow (Y, X)$ <u>une modification et supposons</u> X', X, Y', Y <u>irréductibles et</u> X' <u>méromorphiquement séparé</u>. <u>Si pour tout point on a</u> $2 \leq \operatorname{codim}_{\mathbb{C}} Y' \leq \operatorname{codim}_{\mathbb{C}} Y$ <u>alors</u> X <u>est singulier le long de</u> Y.

Remarquons que le théorème 16 et son corollaire sont de nature locale sur X; pour leur validité il suffit donc que pour tout $x \in X$ il existe un voisinage ouvert U de x dans X tel que $f^{-1}(U)$ soit méromorphiquement séparé. C'est toujours le cas si f est projectif.

Dans le cas algébrique la conclusion du théorème est valable sans l'hypothèse que X' soit rationnellement séparé ([65]).

Un autre résultat du même genre est le suivant:

<u>Théorème</u> 18. <u>Soit</u> $f:(Y',X') \longrightarrow (Y,X)$ <u>une modification d'espaces analytiques</u>. <u>On suppose</u> X' <u>irréductible et</u> Y,X <u>lisses et connexes</u>. <u>Soit</u> $n = \dim_{\mathbb{C}} X'$. <u>Supposons que</u> $S(f) \neq \emptyset$.

<u>Alors</u>

(i) <u>si</u> Y <u>est discret</u>, Y' <u>est de dimension pure</u> $n - 1$

(ii) $\dim_{\mathbb{C}} Y' = n - 1$ <u>et</u> Y' <u>est de dimension</u> $\geq n - 2$ <u>en tout point</u>

(iii) <u>les composantes connexes de</u> Y' <u>de dimension</u> $n - 2$ <u>sont des fibres de</u> f.

<u>En particulier, si</u> $\dim_{\mathbb{C}} \mathrm{Sing}\,(X') \leq n - 3$, Y' <u>est de dimension pure</u> $n - 1$.

Pour la démonstration voir [89].

3. Soient X un espace analytique, $Y \subset X$ un sous-espace analytique fermé, $p:(\tilde{Y},\tilde{X}) \longrightarrow (Y,X)$ l'éclatement de X de centre Y.

Etant donné une modification $f:(Y',X') \longrightarrow (Y,X)$ on se demande sous quelles conditions f est isomorphe à p i.e. s'il existe un isomorphisme $h:(Y',X') \longrightarrow (\tilde{Y},\tilde{X})$ tel que $f = p \circ h$. Si I est l'idéal de Y une condition nécessaire pour l'existence d'un isomorphisme h comme ci-dessus est que $f^{\star}I$ soit un $\mathcal{O}_{X'}$-idéal inversible. D'autre part s'il en est ainsi, il existe un morphisme $h:X' \longrightarrow \tilde{X}$ tel que $f = p \circ h$. Dans ces conditions on a la

<u>Proposition</u> 19. <u>Supposons que</u> Y' <u>soit irréductible</u>, $f^{\star}I$ <u>soit inversible</u>, $\tilde{X}$ <u>soit localement factoriel et</u> $\tilde{Y}$ <u>soit irréductible</u>. <u>Alors les modifications</u> $f:(Y',X') \longrightarrow (Y,X)$ <u>et</u> $p:(\tilde{Y},\tilde{X}) \longrightarrow (Y,X)$ <u>sont isomorphes</u>.

Pour la démonstration nous renvoyons à [89].

En utilisant cette proposition on peut démontrer le

Théorème 20. *Soit* $f:(Y',X') \to (Y,X)$ *une modification d'espaces analytiques irréductibles.*

On suppose Y' *irréductible*, Y *et* X *lisses et l'idéal de* Y' *inversible. Alors* f *est isomorphe à l'éclatement* $p:(\tilde{Y},\tilde{X}) \to (Y,X)$.

Corollaire 21. *Soit* $f:(Y',X') \to (y_0,X)$ *une modification analytique en un point. On suppose que l'idéal de* Y' *est inversible et que* X *est lisse en* y_0. *Alors* f *est isomorphe à l'éclatement de* X *de centre* y_0.

Dans l'énoncé du théorème précédent on peut remplacer l'hypothèse de lissité de Y et de X par des conditions sur Y' et X'. Précisément on a le

Théorème 22. *Supposons que* X' *soit normal, que* Y' *soit un fibré projectif localement trivial et irréductible sur* Y *et que l'idéal de* Y' *soit inversible. Alors* f *est isomorphe à l'éclatement de* X *de centre* Y.

Pour la démonstration voir [89].

CHAPITRE IV

THEOREMES D'EXISTENCE DES MODIFICATIONS ANALYTIQUES

Ce chapitre concerne le problème de l'existence des modifications analytiques. Le premier paragraphe est un résumé de ce qu'on connait sur le problème en question dans le cas algébrique avec des commentaires sur les différentes méthodes employées. Les paragraphes 2 et 3 concernent les idées des démonstrations de l'existence des modifications analytiques données par Nakano (cas lisse) et Fujiki (cas général) ([73], [38], [37]).

Le paragraphe 4 est consacré à la démonstration du théorème d'existence des modifications analytiques à partir de l'existence des modifications formelles ([7]).

Finalement dans le paragraphe 5 on donne une application de ce théorème à l'étude de l'équivalence de voisinages de sous-espaces analytiques ([4]).

§ 1. Le cas algébrique.

1. Commençons par le problème de l'existence des contractions. Soit

$$\begin{array}{ccc} Y' & \longrightarrow & X' \\ {\scriptstyle p}\downarrow & & \\ Y & & \end{array} \qquad (C)$$

un diagramme où X', Y', Y sont des variétés algébriques (irréductibles) sur un corps k algébriquement clos. Supposons pour l'instant $k \doteqdot \mathbb{C}$.

Le théorème de Castelnuovo et Enriques, qu'on a rappelé au début du chapitre précédent, donne le premier résultat sur l'existence d'une contraction. Les hypothèses sont les suivantes: X' est une surface projective lisse, Y' est une droite projective $\mathbb{P}^1$ et le nombre d'autointersection de Y' dans X' est égal à -1.

Cette dernière condition est équivalente à l'existence d'un isomorphisme $I_{Y'}/I_{Y'}^2 \xrightarrow{\sim} \mathcal{O}_{\mathbb{P}^1}(1)$ ($I_{Y'}$ étant l'idéal de Y' dans X') ou encore au fait que le fibré normal $N = N_{Y'/X'} = L(I_{Y'}/I_{Y'}^2)$ de Y' dans X' soit isomorphe à $L(\mathcal{O}_{\mathbb{P}^1}(1))$. En particulier Y', plongé comme section nulle dans N, est contractible (III, § 1).

Dans la suite on dira que le diagramme (C) satisfait aux <u>conditions de Castelnuovo et Enriques</u> si

(a) Y' est de codimension 1 dans X' et Y' est un fibré projectif $\mathbb{P}(F)$ associé à un faisceau F localement libre sur Y, $p: \mathbb{P}(F) \to Y$ étant la projection

(b) on a (localement par rapport à Y) un isomorphisme $I_{Y'}/I_{Y'} \xrightarrow{\sim} \mathcal{O}_{\mathbb{P}(F)}(1)$.

Dans [55] Kodaira à démontré que la condition (b) est encore (nécessaire et) suffisante pour assurer qu'un espace projectif $\mathbb{P}^{n-1}$ plongé dans une variété projective lisse X' (de dimension n) soit le diviseur exceptionnel d'un éclatement de centre un point d'une variété projective lisse.

Nous mentionnons à ce point, pour son importance dans tous les développements successifs, le résultat de Grauert ([40]) en géométrie analytique.

Les hypothèses sont les suivantes: X' est un espace analytique, Y' un sous-ensemble analytique compact. Le théorème de Grauert dit alors que si Y' est contractible dans le "fibré normal" $N_{Y'/X'} = L(I_{Y'}/I_{Y'}^2)$ alors il est contractible dans X'.

2. Considérons maintenant le cas général où $m = \dim_{\mathbb{C}} Y > 0$ et supposons que X', Y', Y soient des variétés projectives lisses et que les conditions de Castelnuovo et Enriques soient remplies. On peut alors montrer que Y' est encore le sous-ensemble exceptionnel d'un éclatement $X' \to X$ d'une variété analytique X, de centre $Y \subset X$, mais, contrairement au cas $\dim_{\mathbb{C}} Y = 0$, il est possible que sur X il n'y ait aucune structure de variété algébrique. Ce phénomène a été mis en évidence par Nagata ([72]) et par Moišezon dans son travail fondamental [68] sur les variétés analytiques compactes. Toutefois la variété X possède la propriété suivante: le degré de transcendence (sur $\mathbb{C}$) du corps des fonctions méromorphes sur X, $t(X) = \deg \operatorname{tr}_{\mathbb{C}} \mathcal{M}(X)$, est égal à $\dim_{\mathbb{C}} X$.

Une telle variété X à été appelée variété de Moišezon par M. Artin ([15]). En général on dit qu'un espace analytique compact X est un <u>espace de Moišezon</u> si pour toute composante irréductible X_i de X on a $t(X_i) = \dim_{\mathbb{C}} X_i$.

Ces espaces ont été introduits dans [68] et, au point de vue de la géométrie birationnelle, apparaissent comme la bonne généralisation des variétés algébriques sur $\mathbb{C}$.

Dans ce contexte, parmi les résultats prouvés dans [68] et [69], cette version forte du lemme de Chow est fondamentale: tout espace de Moišezon X est dominé par une variété projective lisse qu'on peut obtenir à partir de X par un nombre fini d'éclatements de centres lisses.

Pour ce qui concerne les modifications le résultat principal démontré dans [68] est le suivant:

<u>Théorème</u> 1. <u>Supposons que dans le diagramme</u> (C) X', Y', Y <u>soient des variétés de Moišezon</u>. <u>Il existe un éclatement</u> $(Y', X') \to (Y, X)$, <u>où</u> X <u>est une variété analytique, si et seulement si</u> (C) <u>vérifie les conditions de Castelnuovo et Enriques</u>.

A propos des contractions des variétés projectives rappelons le résultat suivant dû à Griffiths ([43]):

<u>Théorème</u> 2. <u>Supposons que dans</u> (C) X',Y',Y <u>soient des variétés projectives lisses, que</u> Y' <u>soit un fibré projectif</u> $\mathbb{P}(F)$ <u>sur</u> Y, F <u>étant un faisceau localement libre sur</u> Y, <u>et que</u> $I_{Y'}/I_{Y'}^2 \approx \mathcal{O}_{\mathbb{P}(F)}(s)$ <u>où</u> s <u>est un entier positif</u>. <u>Alors si le faisceau dual</u> $\check{F}$ <u>est ample il existe une contraction</u> $(Y',X') \longrightarrow (Y,X)$ <u>où</u> X <u>est une variété projective</u>.

Pour une généralisation de ce théorème au cas d'un corps algèbriquement clos voir [39] et [63].

<u>Remarque</u>. Si $s = 1$ la variété X est lisse et X' est l'éclatement de X de centre Y. Si $s > 1$, X est singulière ([19]).

3. Dans le cas d'un corps de base k quelconque, en vue de la généralisation des résultats précédents, Moišezon a introduit, indépendamment de M. Artin les espaces algébriques (qu'il appelle <u>mini-schémas</u>). La voie suivie par Moišezon est tout-à-fait différente de celle de Artin et beaucoup plus laborieuse. Dans une série de travaux ([70]) il prouve la validité des résultats précédents (à savoir le lemme de Chow et le théorème 1) dans la catégorie des espaces algébriques, aussi bien que l'équivalence (au moyen du foncteur $X \longrightarrow X^{an}$) entre la catégorie des espaces algébriques lisses et propres sur Spec $\mathbb{C}$ et la catégorie des variétés de Moišezon.

Ce dernier résultat est valable en toute généralité sans hypothèse de lissité; il a été établi par M. Artin ([15], th. 7.3).

L'existence des contractions dans la catégorie des variétés algébriques sur k à été étudiée par A. Lascu qui dans [65] a prouvé que l'énoncé du théorème 1 est encore valable pourvu que la condition suivante soit remplie: si X est l'espace topologique quotient de X' par la relation déterminée par $p:Y' \to Y$ et $f:X' \to X$ est l'application naturelle, alors $R^1 f_* I^m_{Y'} = 0$ pour m assez grand.

Ce résultat a été généralisé dans [34], [19].

Le problème de savoir si la condition précédente est automatiquement vérifiée lorsque Y est un point est un problème resté ouvert.

4. La résolution des problèmes (C) et (D) dans la catégorie des espaces algébriques est due à M. Artin ([15]) et fournit une application remarquable de la méthode de construction d' "objets géométriques" à partir d' "objets formels". Les espaces algébriques considérés sont de type fini sur un espace algébrique S de base, S étant à son tour de type fini sur un corps k.

Les théorèmes démontrés par Artin sont les suivants:

Théorème C. (Existence des contractions). Soient X' un espace algébrique , $Y' \subset X'$ un sous-espace fermé, $\mathcal{X}'$ le complété formel de X' le long de Y'. Pour toute modification formelle $f:\mathcal{X}' \to \mathcal{X}$ il existe une modification $F:X' \to X$ d'espaces algébriques et un isomorphisme φ de son complété $\hat{F}$ avec f. Le couple (F,φ) est unique à un isomorphisme près.

Théorème D. (Existence des dilatations). Soient X un espace algébrique, $Y \subset X$ un sous-espace fermé, $\mathcal{X}$ le complété formel de X le long de Y. Pour toute modification formelle $f:\mathcal{X}' \to \mathcal{X}$ il existe une modification $F:X' \to X$ et un isomorphisme φ de son complété $\hat{F}$ avec f. Le couple (F,φ) est unique à un isomorphisme près.

L'existence des modifications est donc ramenée à l'existence des modifications formelles. La partie finale du travail de Artin est justement consacrée à ce problème.

On retrouve les conditions classiques de Castelnuovo et Enriques et celle de Grauert ([15] th. 6.2, cor. 6.11 et 6.12).

Remarque. Les énoncés C et D sont encore valables dans le cas où S est un espace algébrique noethérien sur un corps (non nécessairement de type fini sur celui-ci); voir [90] pour C et [3] pour D.

Dans la suite nous utiliserons en particulier le théorème suivant (voir [15] et [67] pour les détails).

Théorème 3. Etant donné le diagramme (C) supposons que X',Y',Y soient des espaces algèbriques de type fini sur S et $p:Y' \longrightarrow Y$ un S-morphisme. Soit I l'idéal de Y' dans X'. On suppose:

(i) pour tout $\mathcal{O}_{Y'}$-module cohérent F il existe un entier n_0 tel que si $n \geq n_0$ on ait

$$R^1 p_* (F \otimes S^n(I/I^2)) = 0;$$

(ii) pour tout entier n l'application de faisceaux sur Y

$$p_* (\mathcal{O}_{X'}/I^n) \underset{p_* \mathcal{O}_{Y'}}{\times} \mathcal{O}_Y \longrightarrow \mathcal{O}_Y$$

est surjective.

Il existe alors une contraction $(Y',X') \longrightarrow (Y,X)$.

Remarque. La technique employée par Artin pour démontrer les théorèmes C et D ci-dessus consiste a définir d'abord les foncteurs "dilatation" et "contraction", ce qui pose déjà des difficultés; ensuite à prouver que ces foncteurs sont representés par des espaces algébriques qui sont la dilatation et la contraction cherchées.

L'outil essentiel pour cette preuve est le théorème d'approximation des solutions d'un système d'équations polynomiales ([14]). Comme on a un analogue analytique de ce théorème ([14]) on pourrait essayer de procéder de la même façon dans le cas analytique et de réduire l'existence des modifications à la représentabilité de certains foncteurs. En fait on peut dégager une théorie parallèle des foncteurs analytiques ([88], [26]) mais en l'appliquant dans le contexte des modifications on trouve des difficultés qui semblent insurmontables. En effet si l'on regarde les deux foncteurs "contraction" et "dilatation" ([15]) on s'aperçoit que le foncteur dilatation peut être défini aisément aussi dans le cas analytique tandis que pour la définition du foncteur contraction interviennent des conditions de compatibilité qui font appel au théorème d'existence de faisceaux algébriques cohérents de Grothendieck ([44], III. 5) dont on ne connait pas, pour l'instant, un analogue analytique.

§ 2. Les théorèmes de Nakano et Fujiki.

1. Avant de donner les idées essentielles de la démonstration de Nakano et Fujiuki rappelons quelques définitions bien connues.

Soit V une variété analytique et $\varphi : V \longrightarrow \mathbb{R}$ une fonction C^{∞}. On dit que φ est plurisousharmonique si pour tout $x \in V$ la forme hermitienne

$$L(\varphi)\ (x) = \sum_{i,j=1}^{n} \frac{\partial^2 \varphi}{\partial x^i \partial \bar{x}^j}\ (x)\ u^i \bar{u}^j$$

(dite forme de Levi de φ au point x) est ≥ 0 et strictement plurisousharmonique si $L(\varphi)(x) > 0$ pour tout $x \in V$.

Une fonction φ sur un espace analytique X est dite plurisousharmonique (strictement plurisousharmonique) si pour tout $x \in X$ il existe un plongement d'un voisinage ouvert U de x dans un ouvert V de $\mathbb{C}^N$ tel que $\varphi_{|U}$ soit induite par une fonction plurisousharmonique (strictement plurisousharmonique) sur V.

Rappelons que X est un espace de Stein si et seulement s'il existe sur X une fonction φ strictement plurisousharmonique et exhaustive i.e. pour tout $c < \sup_X \varphi$ le sous-ensemble $X_c = \{x \in X : \varphi(x) < c\}$ est relativement compact ([76]) (et on peut supposer $\sup_X \varphi = +\infty$).

On dit qu'un espace analytique X est faiblement 1-complet s'il existe une fonction $\varphi : X \longrightarrow \mathbb{R}$ plurisousharmonique et exhaustive.

2. Soit maintenant L un fibré vectoriel holomorphe sur V. Notons $\underline{L}$ le faisceau des germes de sections holomorphes de L.

Une <u>métrique hermitienne</u> sur (les fibres de) L est la donnée pour tout point $x \in V$ d'un produit hermitien sur la fibre L_x, qui dépend de façon C^∞ de x; c'est à dire: il existe un recouvrement ouvert $\mathcal{U} = \{U_\alpha\}$ de trivialisation locale pour L et pour tout α une matrice h_α définie positive à éléments fonctions C^∞ sur U_α telle que si $U_\alpha \cap U_\beta \neq \emptyset$ on ait $h_\beta = {}^t\bar{g}_{\alpha\beta} h_\alpha g_{\alpha\beta}$, $\{g_{\alpha\beta}\}$ étant le cocycle de L par rapport à $\mathcal{U}$.

En particulier si L est de rang 1 on a $h_\beta = |g_{\alpha\beta}|^2 h_\alpha$.

Supposons que L soit de rang 1. On dit que L est <u>positif</u> (au sens de Kodaira ([55])) ou respectivement <u>semi-positif</u>, s'il existe une métrique hermitienne $\{h_\alpha\}$ telle que pour tout $x \in U_\alpha$ et pour tout α la forme de Levi $L(\log h_\alpha^{-1})(x)$ est > 0 ou respectivement ≥ 0. Le fibré $L = L(\mathcal{O}_{\mathbb{P}^n}(-1))$ (II, § 2) est positif par rapport à la métrique $\{h_\alpha\}$ où $h_\alpha = |x_\alpha|^2 / \sum_{j=0}^n |x_j|^2$, $x_0,\ldots,x_n$ coordonnées homogènes.

On dit que L est <u>négatif</u> (ou respectivement <u>semi-négatif</u>) si L^{-1} est positif (ou respectivement semi-positif).

Dans le cas où V est compacte Grauert a démontré dans [40] que L est positif si et seulement si le faisceau $\underline{L}$ est ample.

Soient maintenant V une variété analytique et, $L \longrightarrow V$ un fibré positif par le choix d'une métrique $\{h_\alpha\}$ et

$$ds^2 = \sum_{i,j=1}^{n} \frac{\partial^2 \log h_\alpha^{-1}}{\partial x^i \, \partial \bar{x}^j} dx^i d\bar{x}^j .$$

Si V est faiblement 1-complète les fonctions h_α peuvent être choisies de telle sorte que V soit complète par rapport à ds^2 ([73]).

Dans ces conditions, par une adaptation des méthodes de Andreotti et Vesentini ([11]), Nakano a prouvé ([73], [74], [75]) le théorème suivant:

Théorème 4. *Soient* V *une variété analytique faiblement* 1-*complète*, K *son fibré canonique et* L *un fibré positif de rang* 1. *Pour tout entier* $q \geq 1$ *on a*

$$H^q(V, \underline{K} \otimes \underline{L}) = 0$$

Ce théorème est l'outil essentiel dans la démonstration du théorème d'existence des modifications analytiques. Un énoncé analogue est valable pour les fibrés vectoriels holomorphes de rang quelconque ([56]

3. Considérons un diagramme de morphismes de variétés analytiques (connexes)

$$\begin{array}{ccc} Y' & \xrightarrow{i} & X' \\ {\scriptstyle p}\downarrow & & \\ Y & & \end{array}$$

qui vérifie les conditions de Castelnuovo et Enriques (§ 1); on veut prouver qu'il existe une modification

$$\begin{array}{ccc} Y' & \xrightarrow{i} & X' \\ {\scriptstyle p}\downarrow & & \downarrow{\scriptstyle f} \\ Y & \xrightarrow{j} & X \end{array}$$

de variétés analytiques qui est l'éclatement de X le long de Y.

Le problème est local par rapport à Y donc on peut supposer que Y soit la boule $\{\sum_{j=1}^{m} |\zeta^j|^2 < 1\}$ de $\mathbb{C}^m$ ($\zeta^1, \ldots, \zeta^m$ étant les coordonnées dans $\mathbb{C}^m$) et que $Y' = Y \times \mathbb{P}^{r-1}$. Soient $\eta^1, \ldots, \eta^r$ des coordonnée homogènes sur $\mathbb{P}^{r-1}$ et $U_\alpha = \{\eta \in \mathbb{P}^{r-1} : \eta_\alpha \neq 0\}$, $1 \leq \alpha \leq r$.

Sur $U_\alpha \cap U_\beta$ le cocycle de $L = L(\mathcal{O}_{\mathbb{P}^{r-1}}(-1))$ est donné par

$\varepsilon_{\alpha\beta} = \eta^{\beta}/\eta^{\alpha}$ de telle sorte que, à cause de l'hypothèse, le fibré $D = [Y']$ associé à Y' induit sur Y' le fibré $q^{\star}L^{-1}$ de cocycle $\{\varepsilon_{\alpha\beta}^{-1}\}$, $q:Y' \longrightarrow \mathbb{P}^{r-1}$ étant la projection naturelle.

En restreignant au besoin Y et X', on peut choisir un recouvrement coordoné de Stein, fini, $\{V'_{\lambda}\}$, d'un voisinage de Y' dans X' tel que $V'_{\lambda} \cap Y'$ soit isomorphe à $Y \times U'_{\lambda}$, $\{U'_{\lambda}\}$ étant un raffinement de $\{U_{\alpha}\}$ (et pour simplifier prenons $U'_{\lambda} \subset U_{\lambda}$). En outre si l'on dénote par $z^1_{\lambda},..,z^m_{\lambda},x^1_{\lambda},..,x^{r-1}_{\lambda},y_{\lambda}$ les coordonnées sur V'_{λ} on peut supposer que

(i) $$z^i_{\lambda|Y'} = \zeta^i, x^h_{\lambda|Y'} = \xi^h_{\lambda} = \eta^h/\eta^{\lambda}$$

(ii) $y_{\lambda} = 0$ soit une équation locale pour Y' et par conséquent que

$$e_{\lambda\mu|Y'} = y_{\lambda}/y_{\mu}|_{Y'} = \varepsilon^{-1}_{\lambda\mu}.$$

Cela étant supposons que X' soit isomorphe à l'éclatement $\tilde{X}$ de X de centre Y, où X est la boule $\{\sum_{i=1}^{m} |\zeta^i|^2 + \sum_{k=1}^{r} |w^k|^2 < a\}$ de $\mathbb{C}^m \times \mathbb{C}^r$. Soit $\Phi: X' \longrightarrow \tilde{X} \subset \mathbb{C}^m \times \mathbb{C}^r \times \mathbb{P}^{r-1}$ un tel isomorphisme.

Par définition d'éclatement on a

$$\tilde{X} = \{[(\zeta,w);t)] \in X \times \mathbb{P}^{r-1} : w^{\alpha}t^{\beta} = w^{\beta}t^{\alpha},\ 1 \le \alpha,\beta \le r\};$$

notons W_{α} l'image réciproque de l'ouvert $(X \times U_{\alpha}) \cap \tilde{X}$.

L'isomorphisme Φ est défini par

$$\Phi(x) = (z^1(x),..,z^m(x),f^1(x),..,f^r(x),g(x))$$

où $z^1,..,z^m,f^1,..,f^r$ sont des fonctions holomorphes sur X', g est une application holomorphe de X' dans $\mathbb{P}^{r-1}$ et pour tout $x \in X'$, $f^1(x),..,f^r(x)$ sont les coordonnées homogènes du point $g(x)$.

Il s'ensuit que $z^1{}_{|Y'} = \zeta^1,..,z^m{}_{|Y'} = \zeta^m$, les fonctions $f^1,..,f^r$ sont nulles sur Y' et donc que sur $V'_{\lambda} \cap W_{\lambda}$ on a $f^1 = g^1_{\lambda}\, y_{\lambda},..,$ $f^r = g^r_{\lambda}\, y_{\lambda}$ (où les $g^1_{\lambda},..,g^r_{\lambda}$ sont des fonctions sur $V'_{\lambda} \cap W_{\lambda}$ dont les restrictions à Y ne sont pas identiquement nulles). Comme sur $(V'_{\lambda} \cap W_{\lambda}) \cap (V'_{\mu} \cap W_{\mu})$ on a $g^{\alpha}_{\lambda} = (y_{\mu}/y_{\lambda})g^{\alpha}_{\mu}, 1 \le \alpha \le r$, les systèmes $\{g^1_{\lambda}\},..,\{g^r_{\lambda}\}$ définissent r sections de $D^{-1} = [Y']^{-1}$ dont les restrictions à Y' engendrent $\Gamma(Y',D^{-1}{}_{|Y'}) \simeq \Gamma(Y',q^{\star}L^{-1})$.

Réciproquement si $z^1,..,z^m,f^1,..,f^r,g$ satisfont aux propriétés ci-dessus on trouve que, localement sur Y, X' est un éclatement.

On est donc ramené à prouver que les deux homomorphismes

$$\mathcal{O}(X') \longrightarrow \mathcal{O}_{Y'}(Y'),\ \Gamma(X',D^{-1}) \longrightarrow \Gamma(Y',q^{\star}L)$$

sont surjectifs (X' étant un voisinage convenablement choisi d'un point $y \in Y$) et pour cela il suffit de prouver que

$$H^1(X',\underline{D}^{-1}) = 0,\ H^1(X',\underline{D}^{-2}) = 0$$

4. Soit K le fibré canonique de X'. Pour tout $\ell \in \mathbb{Z}$ on a l'isomorphisme $D^{-\ell} \approx K \otimes (K^{-1} \otimes D^{-\ell})$ donc, compte tenu du théorème d'annulation précédent (th. 4), il suffit de prouver que dans nos conditions on a le

<u>Théorème</u> 5. <u>Pour tout</u> $y \in Y$ <u>il existe un voisinage</u> V <u>de</u> $\{y\} \times \mathbb{P}^{r-1}$ <u>dans</u> X' <u>qui vérifie les propriétés suivantes</u>:

(i) <u>si</u> $x \in V$ <u>alors</u> $p(x) \times \mathbb{P}^{r-1} \subset V$

(ii) V <u>est une variété faiblement</u> 1-<u>complète</u>

(iii) <u>les fibrés</u> D^{-1} <u>et</u> K^{-1} <u>sont positifs sur</u> V.

<u>Preuve</u>. Nous donnons ici les grandes lignes de la démonstration en renvoyant à [73] et [38] pour les détails.

(1) Gardons les notations établies dans 2. Pour tout j, $1 \leq j \leq m$ on a (sur $V'_\lambda \cap V'_\mu \cap Y'$) $z^j_\lambda = z^j_\mu$, donc $z^j_\lambda - z^j_\mu$ est divisible par $y_\lambda, y_\lambda = 0$ étant l'équation locale de Y'. Négligeons j et posons $f_{\lambda\mu} = y_\lambda^{-1}(z_\lambda - z_\mu)$. On vérifie aisément que le système $\{f_{\lambda\mu}\}$ est un cocycle à valeurs dans D^{-1} et que sa restriction à Y', $\{\varphi_{\lambda\mu}\}$, est un cocycle à valeurs dans $q^{\star}L$. Comme

$H^1(Y \times \mathbb{P}^{r-1}, q^{\star}\underline{L}^{\ell}) = 0$ pour tout $\ell \geq 0$, on peut trouver des fonctions holomorphes φ_λ telles que $\varphi_{\lambda\mu} = \varphi_\lambda - \varepsilon_{\lambda\mu}\varphi_\mu$.

Soient f_λ une extension holomorphe de φ_λ à V'_λ et $z'_\lambda = z_\lambda - y_\lambda f_\lambda$; $z'_\lambda - z'_\mu$ est nulle sur Y' d'ordre deux par rapport à y_λ. Si l'on pose $f'_{\lambda\mu} = y_\lambda^{-2}(z'_\lambda - z'_\mu)$, le système $\{f'_{\lambda\mu}\}$ définit un cocycle à valeurs dans D^{-2} et sa restriction $\{\varphi'_{\lambda\mu}\}$ un cocycle à valeurs dans $q^{\star}L^2$ etc... . On procède de façon analogue par rapport aux fonctions coordonnées $x_\lambda^1,\dots,x_\lambda^{r-1}$ (en remarquant qu'au premier pas on a $x_\lambda = e_{\lambda\mu}x_\mu$), en tirant les conclusions suivantes: pour tout entier $\ell \geq 0$ et pour tout j et α on a deux cocycles $\{f^j_{\lambda\mu}\}$ $\{g^\alpha_{\lambda\mu}\}$ respectivement à valeurs dans $D^{-\ell}$ et $D^{-\ell-1}$ tels qu'on ait $z^j_\lambda - z^j_\mu = (y_\lambda)^\ell f^j_{\lambda\mu}$ et $x^\alpha_\lambda - (e_{\lambda\mu})^{-1}x^\alpha_\mu = (y_\lambda)^\ell g^\alpha_{\lambda\mu}$.

(2) Choisissons maintenant des fonctions C^∞ sur V'_λ, f^j_λ et g^α_λ, de telle sorte que

$$f^j_\lambda - (e_{\lambda\mu})^{-\ell}f^j_\mu = f^j_{\lambda\mu},\quad g^\alpha_\lambda - (e_{\lambda\mu})^{-\ell}g^\alpha_\mu = g^\alpha_{\lambda\mu}$$

et posons

$$Z^j_\lambda = z^j_\lambda - (y_\lambda)^\ell f^j_\lambda,\quad X^\alpha_\lambda = x^\alpha_\lambda - (y_\lambda)^\ell g^\alpha_\lambda.$$

Le système $\{Z^j_\lambda\}$ définit une fonction Z^j, C^∞ sur $V' = \cup V'_\lambda$ et le système $\{X^\alpha_\lambda\}$ une section de $q^{\star}L^{-1}$, C^∞ sur V'. Soit

$$A_\lambda = (\exp \sum_{j=1}^{m} |Z^j|^2)\ (\sum_{\alpha=1}^{r-1} |X^\alpha_\lambda|^2);$$

on a $A_\lambda|y_\lambda|^2 = A_\mu|y_\mu|^2$ donc $\{A_\lambda\}$ définit une fonction C^∞ et positive F sur V'. En particulier: la restriction de $\sum_{j=1}^{m}|Z^j|^2$ à Y' coincide avec $\sum_{j=1}^{m}|\zeta^j|^2$ et les fonctions $a_\lambda = A_{\lambda|Y'}$ donnent une métrique hermitienne sur $q^{\star}L$ qui est équivalente à celle induite par la métrique standard de L (voir 1).

Soit $\psi = \sum_{j=1}^{m}|Z^j|^2 + F$; ψ est une fonction C^∞ et positive sur V' et l'on vérifie directement que si $\ell \geq 3$, ψ est plurisousharmonique et exhaustive sur un voisinage V de $\{y\} \times \mathbb{P}^{r-1}$ qui satisfait aux conditions (i) et (ii) ([73], prop. 7,8).

La démonstration du point (iii) utilise les mêmes arguments que ci-dessus ([38]).

Un procédé très proche a conduit M. Cornalba dans [30] à la généralisation du théorème de Nakano; précisement supposons que dans le diagramme

$$\begin{array}{ccc} Y' & \xrightarrow{i} & X' \\ {\scriptstyle p}\downarrow & & \\ Y & & \end{array}$$

X', Y', Y soient lisses et que Y' soit de codimension 1.

Alors on a le

Théorème 6. Soit $N = N_{Y'/X'}$ *le fibré normal de* Y' *dans* X' *et supposons que les conditions suivantes soient remplies:*

(i) *pour tout* $y \in Y$ *le fibré* $N|_{p^{-1}(y)}$ *est négatif*

(ii) *pour tout* $y \in Y$ *il existe un voisinage* U *de* y *et un diagramme commutatif*

$$\begin{array}{ccc} p^{-1}(U) & \longrightarrow & p^{-1}(U)^{(\mu)} \\ & \searrow \quad \swarrow & \\ & U & \end{array}$$

où $p^{-1}(U)^{(\nu)}$ *est le* ν*-ième voisinage infinitésimal de* $p^{-1}(U)$ *et* ν *est le plus petit entier non-négatif tel que* $N^{\nu+1} \otimes K_{Y'}|_{p^{-1}(y)}$ *soit négatif.*

Alors il existe une modification analytique $(Y', X') \to (Y, X)$ *où* X *est normal.*

5. Le théorème d'existence des contractions de Nakano à été généralisé au cas des espaces analytiques (non nécessairement réduits) par Fujiki ([37]).

Dans la situation énvisagée par Fujiki X' est un espace analytique, Y' un diviseur de X' et $p:Y' \to Y$ un morphisme propre et surjectif.

La démonstration donnée suit la même ligne de celle de Nakano.

D'abord on démontre le théorème d'annulation suivant:

Théorème 7. Soit V un espace faiblement 1-complet, L un fibré positif, F un $\mathcal{O}_V$-module cohérent. Pour tout $c \in \mathbb{R}$ il existe un entier m_o tel que

$$H^q(V_c, F \otimes \underline{L}^m \otimes \underline{G}) = 0$$

pour tout $q \geq 1$ et pour tout fibré semi-positif G sur V.

Soient maintenant $D = [Y']$ et $D_{Y'} = D_{|Y'}$.

Le théorème d'existence des contractions est le suivant:

Théorème 8. Supposons que les conditions suivantes soient remplies:

(i) $D_{Y'}^{-1}$ est p-ample

(ii) $R^1 p_\star(D_{Y'}^{-m}) = 0$ pour tout $m \geq 1$.

Alors il existe une modification analytique $f:(Y',X') \to (Y,X)$.

Remarques (1). Soit S le faisceau des germes de "fonctions constantes" sur le fibres de $p:Y' \to Y$. Dans l'énoncé précédent on peut exiger que f vérifie la condition $f_\star S \simeq \mathcal{O}_X$.

(2) Fujiki démontre aussi une version relative du théorème précédent.

(3) Des exemples montrent que la condition (i) n'est pas suffisante pour l'existence d'une contraction.

(4) Dans l'énoncé du théorème 8 Y' est un diviseur de X'. Au chapitre V on démontrera un théorème général de contractibilité ([5]).

Pour la suite il est utile de faire encore la remarque suivante. Si la condition (i) du théorème 8 est vérifiée et il existe une modification formelle $\hat{X}'_{|Y'} \longrightarrow X$ (induisant le morphisme $p:Y' \longrightarrow Y$) alors il existe une modification analytique $(Y',X') \longrightarrow (Y,X)$.

On peut en effet dans ce cas remplacer D par une puissance D^{ℓ} qui vérifie (ii).

Pour terminer nous allons signaler une application simple du théorème de Fuijki aux espaces 1-convexes (fortement 1-convexes dans la terminologie de Andreotti et Grauert ([9])). Ce sont les espaces analytiques X qui admettent une fonction $\varphi:X \longrightarrow \mathbb{R}$ exhaustive et strictement plurisousharmonique en dehors d'un compact.

On sait qu'un espace 1-convexe s'obtient d'un espace de Stein en le modifiant en un nombre fini de points ([76]).

Le résultat en question est alors le suivant:

Théorème 9. Soit Y' un espace analytique irréductible et compact. Alors Y' est le sous-ensemble exceptionnel d'un espace 1-convexe si et seulement si Y' est un espace de Moišezon.

Pour la démonstration voir [8].

§ 3. Analytisation des modifications formelles.

1. Dans le chapitre III (§ 2) nous avons vu qu'on peut associer une modification formelle à toute modification analytique. Le but de ce paragraphe est de démontrer que sous certaines conditions la réciproque est aussi vraie.

Théorème C. (Existence des contractions). Soient Y' un sous-espace analytique fermé d'un espace analytique X', $\mathcal{X}'$ le complété formel de X' le long de Y'. Supposons qu'il existe une modification formelle $f:\mathcal{X}' \longrightarrow \mathcal{X}$ avec l'hypothèse supplémentaire que $\mathcal{X}$ soit localement le *complété formel d'un espace analytique le long d'un sous-espace.*

Il existe alors une modification analytique $F:X' \longrightarrow X$ *et un isomorphisme* φ *de son complété avec* f. *Le couple* (F,φ) *est déterminé à un isomorphisme près.*

Théorème D. *(Existence des dilatations).* *Soient* Y *un sous-espace analytique fermé d'un espace analytique* X *et* $\mathcal{X}$ *le complété formel de* X *le long de* Y. *Pour toute modification formelle* $f:\mathcal{X}' \longrightarrow \mathcal{X}$ *il existe une modification analytique* $F:X' \longrightarrow X$ *et un isomorphisme* φ *de son complété avec* f. *Le couple* (F,φ) *est déterminé à un isomorphisme près.*

Ces résultats sont la version analytique des théorèmes C et D de M. Artin (§ 1) et ont été démontrés dans [7]. Dans le théorème C il y a une hypothèse supplémentaire qu'on pourra enlever plus tard.

Les théorèmes C et D ont été démontrés par Krasnov ([59]) par des méthodes différentes sous l'hypothèse que X' et $\mathcal{X}$ (Théorème C) et X et $\mathcal{X}'$ (Théorème D) soient lisses.

2. On fait la démonstration en plusieurs étapes, en montrant tout d'abord que, au moyen du théorème d'existence de Fujiki (§ 3) on peut ramener le cas des contractions à celui des dilatations.

Proposition 10. *Le théorème* C *est une conséquence du théorème* D.

Preuve. Supposons qu'on ait déjà prouvé le théorème D et prouvons le théorème C .

D'après l'unicité des contractions (III, th. 7) on se ramène à cette situation: $\mathcal{X}$ est le complété formel d'un espace analytique X_o le long d'un sous-espace Y et f induit un morphisme propre et surjectif $p:Y' \longrightarrow Y$.

A cause du théorème D il existe une modification d'espaces analytiques $f_o : X'_o \to X_o$ et un diagramme commutatif

$$\begin{array}{ccc} Y' & \longrightarrow & X'_o \\ {\scriptstyle p}\downarrow & & \downarrow{\scriptstyle f_o} \\ Y & \longrightarrow & X_o \end{array}$$

tel que le complété de X'_o le long de Y' soit isomorphe à $\mathcal{X}'$ et $\hat{f}_o = f$. D'après le lemme de Chow (III, th. 1) f_o est dominé par un éclatement: il existe (quitte à restreindre X_o) un éclatement de X_o, $f_1 : X'' \to X_o$, de centre un sous-espace A tel que $A_{red} = Y_{red}$ et un diagramme commutatif

$$\begin{array}{ccc} X'' & \xrightarrow{g} & X'_o \\ & {\scriptstyle f_1}\searrow \quad \swarrow{\scriptstyle f_o} & \\ & X_o & \end{array}$$

Soient $A'' = f_1^{-1}(A)$ et $\mathcal{X}'' = \hat{X}''_{|A''}$. On a un morphisme $\hat{g} : \mathcal{X}'' \to \mathcal{X}'$, donc, par le théorème D, une modification analytique $g_o : (A'', X''_o) \to (A', X')$ où $A' = f^{-1}(A)$, $A'_{red} = Y'_{red}$ et $\hat{X}''_{o|A''}$ est isomorphe à $\mathcal{X}''$, qui induit $\hat{g}$.

Soit I_o l'idéal de A'' dans X''_o et soit I l'idéal de A'' dans X''. On a un isomorphisme $I_o/I_o^2 \simeq I/I^2$; considérons le diagramme

$$\begin{array}{ccc} A'' & \longrightarrow & X''_o \\ {\scriptstyle r}\downarrow & & \\ A & & \end{array}$$

où $r = f_{1|A''}$: on peut le compléter en une modification

$$\begin{array}{ccc} A'' & \longrightarrow & X''_o \\ r\downarrow & & \downarrow h \\ A & \longrightarrow & X \end{array}$$

en appliquant le théorème de Fujiki. En effet les hypothèses du théorème de Fujiki sont vérifiées pour le diagramme

$$\begin{array}{ccc} A'' & \longrightarrow & X'' \\ r\downarrow & & \\ A & & \end{array}$$

puisquel'idéal de A'' dans X'' provient d'un éclatement. Au moyen de la remarque qui suit le théorème 8 on voit qu'on peut supposer que le complété formel de X le long de A est isomorphe à $\mathcal{X}$. Il est facile alors de voir que le morphisme $h:X''_o \to X$ se décompose à travers un morphisme $F:X' \to X$ qui est la modification cherchée. La démonstration de la proposition est ainsi achevée.

3. Nous allons démontrer le théorème D. Soient donc X un espace analytique, $Y \subset X$ un sous-espace analytique fermé, $\mathcal{X}$ le complété formel de X le long de Y.

Le théorème D est une conséquence de trois propositions.

<u>Proposition</u> 11 (<u>Existence locale</u>). <u>Soient</u> $f:\mathcal{X}' \to \mathcal{X}$ <u>une modification formelle</u>, $x' \in \mathcal{X}'$ <u>et</u> $x = f(x')$. <u>Il existe un voisinage</u> U <u>de</u> x <u>et un diagramme commutatif d'espaces analytiques</u>

$$\begin{array}{ccc} Y' & \longrightarrow & X' \\ \downarrow & & \downarrow g \\ V & \longrightarrow & U \end{array}$$

tel que:

(i) Y' *soit un sous-espace analytique de* X' *et* $V = U \cap Y$

(ii) $X'_{|Y'}$ *soit isomorphe à un voisinage ouvert de* x' *dans* X', *l'isomorphisme étant compatible avec les applications dans* X

(iii) g *donne un isomorphisme de* $X' \setminus Y'$ *sur* $U \setminus V$.

Preuve. On peut supposer que $\mathcal{O}_{X',x} \simeq \mathcal{O}_{X,x}\{T_1,..,T_N\}^{-}/B$ où $B = (f_1,..,f_q)$ (I, § 2).

Si $\mathcal{I}$ est un idéal de définition de X et $I = \mathcal{I}_x$ on a dans $D = \mathcal{O}_{X,x}\{T\}^{-}: I^h D \subset J(B) + B$, $I^h D \subset \mathcal{C}(B) + B$, (h entier convenable). Soit

$$D^m \xrightarrow{L} D^q \xrightarrow{f} B \longrightarrow 0$$

une présentation de B comme D-module. On peut approcher (mod I^n) les $f_1,..,f_q$ et la matrice L par des éléments de $\mathcal{O}_{X,x}\{T_1,..,T_N\} = \mathcal{O}_{X \times \mathbb{C}^N,(x,0)}$ disons $f_1^{\star},..,f_q^{\star}$ et $L^{\star}$, tels que $L^{\star} \circ f^{\star} = 0$ ([14], th. 1.4). L'anneau $\mathcal{O}_{X \times \mathbb{C}^N,(x,0)}/(f_1^{\star},..,f_q^{\star})$ définit un germe d'espace analytique X'; I définit dans X' un sous-espace analytique Y' et l'anneau local en x' de $\hat{X}'_{|Y'}$ est isomorphe à $\mathcal{O}_{X,x}\{T\}^{-}/B$ d'après le théorème de rigidité (I, § 3).

A partir de l'homomorphisme composé

$$\mathcal{O}_{X,x} \longrightarrow \mathcal{O}_{X \times \mathbb{C}^N,(x,0)} \longrightarrow \mathcal{O}_{X',x'}$$

on obtient, quitte à restreindre X', un morphisme $g: X' \to U$, où U est un voisinage de x dans X. Comme $J(g)$ et $\mathcal{C}(g)$ contiennent localement une puissance de l'idéal de définition de X', le morphisme

g est étale en dehors de Y'. Quitte à restreindre X' et U on a l'injectivité de g en dehors de Y'. En effet on peut supposer que X' et X soient réduits. On doit prouver que si $z = (x,x')$ est dans $X' \times_U X'$ on a (au sens des germes d'espaces analytiques) $(X' \times_U X')_z = \Delta_z \cup (Y' \times_U Y')_z$, Δ étant la diagonale de $X' \times X'$. On peut alors procéder comme dans [59] (lemma 5).

Proposition 12 (Unicité). *Soient* X', Y', U, V *et* g *satisfaisant à (i), (ii), (iii) de la proposition 11, et* X'_1 *un espace analytique tel qu'il existe un diagramme commutatif*

$$\begin{array}{ccc} Y' & \longrightarrow & X'_1 \\ \downarrow & & \downarrow g_1 \\ V & \longrightarrow & U \end{array}$$

satisfaisant aux propriétés analogues. Alors pour tout point $y' \in Y'$ *il existe un isomorphisme, compatible avec* g *et* g_1, *d'un voisinage de* y' *dans* X' *sur un voisinage de* y' *dans* X'_1.

Preuve. Soit I'' un idéal de définition de $\mathcal{X}' \times_{\mathcal{X}} \mathcal{X}'$. Soit $Z = X' \times_U X'_1$ et soit $z = (y,y') \in Z$. Le complété formel $\mathcal{Z}$ de Z le long de $Y' \times_U Y'$ est isomorphe, au voisinage de z, à $\mathcal{X}' \times_{\mathcal{X}} \mathcal{X}'$. Par conséquent on a une immersion fermée (locale) $\mathcal{X}' \to \mathcal{Z}$ et $\mathcal{X}'$ est défini, en tant que sous-espace de $\mathcal{Z}$, par un idéal A tel que $I''^p A = (0)$ pour p convenable. D'après le lemme de Artin-Rees on a alors $I''^q \cap A = (0)$ pour q convenable. Il en découle que l'idéal A_z de $\mathcal{O}_{\mathcal{Z},z}$ provient d'un idéal A'_z de $\mathcal{O}_{Z,z}$. En effet si $I'' = I''_z$, dans le diagramme

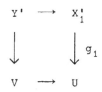

$$\begin{array}{ccc} \mathcal{O}_{Z,z} & \longrightarrow & \mathcal{O}_{\mathcal{Z},z} \\ \downarrow & & \searrow \\ \mathcal{O}_{Z,z}/I''^k \cap \mathcal{O}_{Z,z} & \longrightarrow & \mathcal{O}_{\mathcal{Z},z}/I''^k \end{array}$$

l'image de A_z dans $\mathcal{O}_{\mathcal{Z},z}/I''^k$ se relève dans $\mathcal{O}_{Z,z}$ et si $k \geq q$ ce relèvement ne dépend pas de k.

Il s'ensuit que A'_z définit dans Z, au voisinage de z, un sous-espace W dont le complété I''-adique est isomorphe à $\mathcal{X}'$. Par conséquent les projections canoniques $W \longrightarrow X'$ et $W \longrightarrow X'_1$ donnent des isomorphismes des complétés, donc elles sont bien des isomorphismes.

<u>Remarque</u>. On peut démontrer un théorème d'unicité comme ci-dessus et donc les théorèmes C et D aussi dans le cas où l'on adopte la définition de modification formelle donnée par Krasnov.

Soient maintenant X' et X deux espaces analytiques, $Y' \subset X'$ et $Y \subset X$ des sous-espaces analytiques fermés, $\mathcal{X}$ le complété formel de X le long de Y, $\alpha:\mathcal{X} \longrightarrow X$ le morphisme canonique. Soient $\mathcal{X}'$ un espace analytique formel et $f:\mathcal{X}' \longrightarrow \mathcal{X}$ un morphisme vérifiant la propriété suivante: tout morphisme $\mathbb{K} \longrightarrow \mathcal{X}$, $\mathbb{K} = (0,\mathbb{C}[\![t]\!])$, se relève en un morphisme $\mathbb{K} \longrightarrow \mathcal{X}'$.

Soit $\beta:\mathcal{X}' \longrightarrow X'$ vérifiant la propriété suivante: si $\mathcal{X}' = \lim \operatorname{ind} \mathcal{X}'_k$, $\mathcal{X}_k$ espace analytique ordinaire $(k = 0,1,\ldots)$, le morphisme composé $\mathcal{X}'_k \longrightarrow \mathcal{X}' \longrightarrow X$ est une immersion fermé pour $k = 0,1,2,\ldots$. Dans ces conditions on a alors:

<u>Proposition</u> 13. <u>Soit</u> $F:X' \longrightarrow X$ <u>une application holomorphe telle que</u> $F(Y') \subset Y$, $F_{|Y'}:Y' \longrightarrow Y$ <u>soit propre et surjective et</u> $F_{|X'\setminus Y'}$ <u>soit une immersion ouverte de</u> $X'\setminus Y'$ <u>dans</u> $X\setminus Y$. <u>Supposons que le diagramme</u>

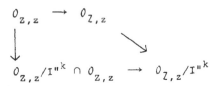

$$\begin{array}{ccc} X' & \xrightarrow{\beta} & X' \\ {\scriptstyle f}\downarrow & & \downarrow{\scriptstyle F} \\ X & \xrightarrow{\alpha} & X \end{array}$$

soit commutatif. Alors l'image U de F est ouverte dans X et F est une application propre (et donc une modification $(Y',X') \to (Y,X)$).

Preuve. On peut supposer Y et Y' réduits. Supposons d'abord X' et X réduits aussi. Soit $x \in F(X')$ et prouvons que $x \in F(X')^0$ (l'intérieur de $F(X')$). Comme $F(X'\setminus Y')$ est ouvert dans X on peut supposer $x \in F(Y')$.

Soit X_1' un ouvert relativement compact de X' tel que $F^{-1}(x) \subset X_1'$ et raisonnons par l'absurde: supposons que x appartienne au bord $bF(X')$ de $F(X')$. Soit $\{U_i\}_{i\in\mathbb{N}}$ un système fondamental de voisinages ouverts de x dans X et pour tout $i \in \mathbb{N}$ soient x_i un point de $U_i\setminus F(X')$ et W_i une courbe analytique de U_i, réduite, irréductible, telle que: $x \in W$, $x_i \in W_i$, $W_i\setminus\{x\}$ soit lisse et $W_i \subset Y_i$. Nous voulons maintenant prouver que pour tout $i \in \mathbb{N}$, il existe un voisinage ouvert D_i de x dans W_i, tel que $D_i \subset F(X_1')$. Pour cela supposons le contraire. Alors il existe un voisinage ouvert D_i de x dans W_i tel que $F^{-1}(D_i)_{red} \subset F^{-1}(x)_{red}$ (on note ici $F^{-1}(D_i)$ et $F^{-1}(x)$ les images réciproques de D_i et x respectivement, dans la catégorie des espaces analytiques). Soit alors $\tilde{D}_i \to D_i$ la normalisation de D_i; quitte à restreindre D_i on peut supposer que $\tilde{D}_i$ soit un disque de $\mathbb{C}$. Le morphisme composé $\tilde{D}_i \to D_i \to X$ induit un morphisme $g_i : \mathbb{K} \to X$ qui est adique i.e. ne se factorise a travers aucun voisinage infinitesimal de Y dans X (ceci résulte du fait que $W_i \cap Y$ est formé de points isolés). D'autre part, ce morphisme se relève en un morphisme $g_i' : \mathbb{K} \to X'$, et du fait que $F^{-1}(D_i)_{red} \subset F^{-1}(x)_{red}$ on déduit que g_i'

se factorise à travers un morphisme $\mathbb{K} \to \mathcal{X}'_o$, donc g_i se factorise à travers un morphisme $\mathbb{K} \to Y$: c'est une contradiction.

Pour tout $i \in \mathbb{N}$ on a $W_i \cap bF(X'_1)\setminus Y \neq \emptyset$. En effet $W_i \cap bF(X'_1) \neq \emptyset$ sinon on aurait une partition ouverte de W_i, $W_i = (F(X'_1) \cap W_i)^o \cup (W_i \setminus (F(X'_1) \cap W_i)^o) = A \cup B$ (^{o} dénote l'intérieur dans W_i) et $D_i \subset A$, $x_i \in B$, ce qui est impossible car W_i est connexe. D'autre part, si l'on avait $W_i \cap bF(X'_1) \subset Y$, on aurait $W_i \cap bF(X'_1) \subset Y \cap W_i$ qui est discret. Or $W_i \setminus bF(X'_1)$ n'est pas connexe et, puisque $x \in bF(X'_1)$, on a $W_i \setminus \{x\} \setminus bF(X'_1) = W_i \setminus bF(X'_1)$ donc la variété analytique connexe $W_i \setminus \{x\}$ devient non connexe si l'on enlève le sous-ensemble discret $W_i \cap bF(X'_1)$: absurde.

Soit alors, pour tout $i \in \mathbb{N}$, $y_i \in W_i \cap bF(X'_1)\setminus Y$ et soit y'_i le seul point de bX'_1 tel que $F(y'_i) = y_i$. Comme X'_1 est relativement compact dans X', la suite $\{y'_i\}$ admet un point limite x'. D'une part $x' \in bX'_1$, de l'autre $F(x') = x$, donc $x' \in X'_1$: absurde.

Il nous reste à considérer le cas où X' et X ne sont pas réduits. On se ramène tout de suite au cas réduit en remplaçant X' et X par X'_{red} et X_{red}, $\mathcal{X}$ par le complété formel de X_{red} le long de Y, $\mathcal{X}'_k$ par le produit fibré $\mathcal{X}'_k \times_X X'_{red}$ et $\mathcal{X}'$ par la limite inductive des $\mathcal{X}'_k \times_X X'_{red}$

Le fait que F soit propre est trivial.

Les proposition 11, 12 et 13 entraînent facilement le théorème D.

4. Revenons au théorème C. L'hypothèse supplémentaire qui est dans l'énoncé a été employée seulement pour pouvoir utiliser, au cours de la démonstration de la proposition 10, le lemme de Chow. Donc pour démontrer le théorème C sans l'hypothèse supplémentaire il suffirait de prouver que toute modification formelle est dominée par un éclatement (lemme de Chow formel).

Récemment J. Bingener ([27]) a démontré le lemme de Chow formel, donc la version analytique du théorème C de M. Artin est fidèlement établie.

§ 4. Equivalence des voisinages de sous-espaces analytiques.

1. Soient X et X' deux espaces analytiques, $M \subset X$ et $M' \subset X'$ deux sous-espaces analytiques fermés rares, $\hat{M}$ et $\hat{M}'$ les complétés formels $\hat{X}_{|M}$ et $\hat{X}'_{|M'}$.

Reprenons ici le problème (envisagé au chapitre I, § 2) de savoir si, étant donné un isomorphisme de $\hat{M}$ sur $\hat{M}'$, il existe un isomorphisme d'un voisinage de M dans X sur un voisinage de M' dans X'. On a déjà remarqué que la réponse est affirmative dans le cas des germes d'espaces analytiques ([14]).

Dans le cas général il y a des contrexemples ([12]). On est donc obligé d'ajouter des hypothèses supplémentaires ce qui a été fait par plusieurs auteurs ([42], [43], [47], [49], [52], [50], [39], [54]). Dans [40] Grauert considère le cas où X est lisse au voisinage de M et M est contractible dans le fibré normal $N_{M/X}$ (ce qui entraîne que M est contractible dans X (IV, § 1)) donnant une réponse positive.

Son résultat a été généralisé par Hironaka et Rossi ([53]) (qui supposent $X \setminus M$ lisse au voisinage de M et M contractible dans X) et Krasnov ([60]) (sous les hypothèses que $X \setminus M$ soit lisse au voisinage de M et M puisse se contracter dans X à un espace analytique T; le résultat est alors local par rapport à T). En réalité le théorème de Grauert-Hironaka-Rossi-Krasnov ne demande pas qu'il existe un isomorphisme de $\hat{M}$ sur $\hat{M}'$: il suffit qu'il existe un isomorphisme d'un voisinage infinitésimal d'ordre suffisamment grand de M dans X sur le voisinage infinitésimal correspondant de M' dans X'. Pour cela, le fait que $X \setminus M$ soit lisse est essentiel (voir la remarque ci-dessous).

On ne suppose pas X lisse (réduit non plus) et on démontre que si M peut se contracter dans X à un espace analytique B, tout isomorphisme de $\hat{M}$ sur $\hat{M}'$ donne (localement sur B) un isomorphisme d'un voisinage de M dans X sur un voisinage de M' sur X'. Des exemples montrent que dans cette situation on ne peut pas obtenir un théorème plus fort.

2. La démonstration qu'on donne ici est valable aussi, sans modifications essentielles, si l'on remplace les espaces analytiques par des espaces algébriques séparés et (c'est essentiel) de type fini sur un corps ou sur un anneau excellent de valuation discrète. Dans le cas algébrique le mot voisinage signifie "voisinage étale".

Soient $f:(M,X) \longrightarrow (B,Y)$ une modification analytique, $\hat{M} = \hat{X}_{|M}$ $\hat{B} = \hat{Y}_{|B}$, $y \in B$ un point, X' un espace analytique, $M' \subset X'$ un sous-espace analytique fermé, $\hat{M}' = \hat{X}'_{|M'}$. Soit Q un voisinage ouvert de y dans $\hat{B}$ et soit $h:\hat{f}^{-1}(Q) \xrightarrow{\sim} \hat{M}'$ un isomorphisme.

<u>Théorème 14</u>. <u>Pour tout entier positif</u> c <u>il existe un voisinage</u> V <u>de</u> y <u>dans</u> B, $V \subset Q$, <u>et un</u> Q-<u>isomorphisme d'un voisinage ouvert de</u> $f^{-1}(V)$ <u>dans</u> X <u>sur un voisinage ouvert de</u> M' <u>dans</u> X' <u>dont la restriction à</u> $M_{(c)}$, <u>le</u> c-<u>ième voisinage infinitésimal de</u> M <u>dans</u> X, <u>coincide avec la restriction de</u> h.

<u>Preuve</u>. Remarquons d'abord que le résultat est local par rapport à Y et B, donc on peut supposer (pour simplifier les notations) $Q = B$; de plus, Y et B seront susceptibles d'être remplacés par des voisinages de y sans que ce soit dit de façon explicite.

Le morphisme $\hat{f} \circ h^{-1} : \hat{M}' \longrightarrow \hat{B}$ est une modification formelle; d'après le théorème C (§ 3) il existe une modification analytique $f':(M',X') \longrightarrow (B',Y')$ et un diagramme commutatif

$$\begin{array}{ccc} \hat{M} & \xrightarrow{h} & \hat{M}' \\ \hat{f}\downarrow & & \downarrow \hat{f}' \\ \hat{B} & \xrightarrow{l} & \hat{B}' \end{array}$$

où $\hat{B}' = \hat{Y}'_{|B'}$ et l est un isomorphisme adique. Plus précisement, de la démonstration du théorème C il résulte:

(a) il existe un diagramme commutatif de morphismes d'espaces analytiques

$$\begin{array}{ccc} Z & \xrightarrow{s} & X \\ & t\searrow \quad \swarrow f & \\ & Y & \end{array}$$

où t est l'éclatement de Y de centre un sous-espace A tel que $A \subset B_{(k)}$ (k entier convenable) et s est l'éclatement de X de centre $f^{-1}(A)$;

(b) il existe un diagramme commutatif de morphismes d'espaces analytiques

$$\begin{array}{ccc} Z' & \xrightarrow{s'} & X' \\ & t'\searrow \quad \swarrow f' & \\ & Y' & \end{array}$$

où s' et t' sont deux modifications

(c) si $\hat{T}$ (respectivement $\hat{T}'$) est le complété de Z (respectivement de Z') le long de $T = t^{-1}(B)$ (respectivement $T' = t'^{-1}(B')$) il existe un isomorphisme g de $\hat{T}$ sur $\hat{T}'$ compatible avec h.

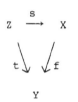

Soit A' l'image de A dans $\hat{B}'$ au moyen de l: c'est un sous-espace de $B'_{(k)}$. La proposition 6 du chapitre III montre que t' est l'éclatement de Y' de centre A' et s' est l'éclatement de X' de centre $f'^{-1}(A')$. Il est clair qu'on peut supposer $c > k$ et alors on peut supposer aussi $A = B$ et donc $A' = B'$.

Soient I (respectivement I') l'idéal qui définit M dans X (respectivement M' dans X') et $H = s^{\star}I$ $(H' = s'^{\star}I')$. Il existe un entier n_o tel que $s_{\star}H^n = I^n$ et $s'_{\star}H'^n = I'^n$ pour $n > n_o$. Encore, on peut supposer $c > n_o$.

D'après le théorème d'approximation de M. Artin ([14]) il existe (quitte à restreindre Y et Y') un isomorphisme $p:(B,Y) \overset{\sim}{\rightarrow} (B',Y')$ tel que les restrictions de p et 1 à $B_{(c+1)}$ coïncident.

Il s'ensuit que p se relève à un isomorphisme des éclatements $r:Z \overset{\sim}{\rightarrow} Z'$ tel que r et g coïncident sur $T_{(c)}$.

Il suffit alors de voir que r descend à un isomorphisme $u:X \overset{\sim}{\rightarrow} X'$. Soient $x \in M$, $x' = h(x)$, $a \in \mathcal{O}_{X',x'}$; si $b \in \mathcal{O}_{X,x}$ est tel que

$$h_{(c)}(a \mod I'^c) = b \mod I^c$$

on a $q = a \circ s' \circ r - b \circ s \in s_{\star}H^c$; comme $c > n_o$, il existe $d \in I_x^c$ tel que $d \circ s = q$. On pose par définition $u(a) = b + d$. De manière analogue on définit $v = u^{-1}$.

Ceci achève la démonstration dans le cas analytique. La preuve dans le cas algébrique est tout à fait semblable.

Remarques. (1) En général on ne peut pas trouver un isomorphisme de voisinages de M et M' qui induit h. Prenons par exemple $X = X' = Y = \mathbb{C}$, $M = M' = B = \{0\}$; alors h n'est rien d'autre qu'un automorphisme de l'anneau $\mathbb{C}[[t]]$ (t étant une indéterminée) et il ne provient pas, en général, d'un automorphisme de $\mathbb{C}\{t\}$.
(2) Si l'on suppose $X \setminus M$ lisse au voisinage de M on a le résultat plus fort dont on a dit plus haut ([40], [53], [60]), qui est faux

sans l'hypothèse de lissité. En effet, dans le cas $X = Y$, $M = B = \{y\}$ un tel résultat entraînerait, au moyen des méthodes de [16], que la singularité de Y en y est algébrisable. Comme il existe des singularités analytiques non algébrisables ([25]), le résultat de Grauert-Hironaka-Rossi-Krasnov ne s'étend pas au cas général.

(3) Le cas algèbrique a été traité aussi dans [62], [31], dans le cadre des schémas henseliens.

CHAPITRE V

THEOREMES D'ALGEBRISATION

Dans ce chapitre on introduit la notion d'espace de Moišezon relatif (§ 1) et on démontre un théorème d'algébrisation relatif (§ 2) analogue au théorème de M. Artin pour les espaces de Moišezon ([3]). Les espaces de Moišezon relatifs ont été introduits dans [71] par Moišezon qui les appelle A-espaces.

Au paragraphe 3 on donne des applications: on généralise le théorème de Fujiki et on étudie le comportement des faisceaux amples par images directes ([5], [6]).

En particulier on caractérise les espaces de Moišezon comme étant les espaces analytiques compacts qui portent un faisceau ample de rang 1

§ 1. Espaces de Moišezon relatifs.

1. Soit X un espace analytique compact, réduit et irréductible. Notons $t(X)$ le degré de trascendence sur $\mathbb{C}$ du corps $M(X)$ des fonctions méromorphes; on l'appelle dimension algébrique de X.

Un théorème de Siegel et Remmert ([85], [79]) assure que $t(X) \leq \dim_{\mathbb{C}} X$.

Un espace analytique compact est de Moišezon si pour toute composante irréductible Y de X_{red} on a $t(Y) = \dim_{\mathbb{C}} Y$ (IV, § 1).

Si $f:X' \longrightarrow X$ est une modification analytique X est un espace de Moišezon si et seulement X' l'est. Si Z est une variété algébrique projective, Z^{an} est un espace de Moišezon. Plus généralement soit T un espace algébrique propre et de type fini sur $\mathbb{C}$; d'après le lemme de Chow ([58]) il existe une modification $f:Z \longrightarrow T$ où Z

est un schéma projectif. Il s'ensuit que $f^{an}:Z^{an} \longrightarrow T^{an}$ est une modification analytique, donc T^{an} est un espace de Moišezon.

Réciproquement M. Artin a prouvé dans [15] le

Théorème 1. Pour tout espace de Moišezon X il existe un espace algébrique T propre et de type fini sur $\mathbb{C}$ tel que T^{an} soit isomorphe à X.

Le théorème précédent et le théorème GAGA du chapitre II (théorème 1 et corollaires avec $S_Y = \mathbb{C}$) nous disent que le foncteur "an" est une équivalence de la catégorie des espaces algébriques propres sur $\mathbb{C}$ sur la catégorie des espaces de Moišezon ce qui permet en plusieurs cas de transporter et de résoudre dans le cadre algébrique des problèmes concernants les espaces de Moišezon. Par exemple, le lemme de Chow algébrique donne le lemme de Chow pour les espaces de Moišezon: étant donné un espace de Moišezon X, il existe un éclatement $f:X' \longrightarrow X$ où X' est (l'espace analytique associé à) une variété algébrique projective.

Nous allons maintenant donner la notion "relative " correspondante à celle d'espace de Moišezon; nous établirons plus tard un théorème d'algébrisation généralisant le théorème 1.

Le premier pas consiste à établir la forme relative du théorème de Siegel et Remmert, ce qui a été fait par Andreotti et Stoll ([10]).

D'abord nous allons donc exposer ce théorème.

2. Soit $p:X \longrightarrow Y$ un morphisme propre surjectif d'espaces analytiques réduits, avec X irréductible, ce qui entraîne que Y aussi est irréductible. On utilisera le lemme suivant:

Lemme 2. Soient U un ouvert de Y, Z une composante irréductible de $p^{-1}(U)$. Alors p(Z) est une composante de U.

Preuve. Le morphisme p est génériquement plat i.e. il existe un sous-espace analytique fermé rare $T \subset Y$ tel que le morphisme $p_1 : X \setminus p^{-1}(T) \to Y \setminus T$ induit par p soit plat ([36], [21]). Comme $p^{-1}(T) \neq X$ et X est irréductible, on a $Z' = Z \setminus p^{-1}(T) \neq \emptyset$. Donc $p_1(Z') = p(Z')$ est un ouvert non vide de U (tout morphisme plat étant ouvert). Il s'ensuit $\dim_{\mathbb{C}} p(Z) = \dim_{\mathbb{C}} U$, d'où la conclusion.

Soient $f_1, \ldots, f_r$ des fonctions méromorphes sur X, non identiquement nulles. Soit $f : X \setminus Z \to \mathbb{P}^r$ le morphisme défini par $f_1, \ldots, f_r$ et

$$\begin{array}{ccc} & E & \\ {}^{q}\swarrow & & \searrow^{u} \\ X & & \mathbb{P}^r \end{array}$$

le diagramme correspondant à l'application méromorphe de X dans $\mathbb{P}^r$ définie par $f_1, \ldots, f_r$; q est une modification et u est propre. Soit $v : E \to Y \times \mathbb{P}^r$ le morphisme produit obtenu de $p \circ q$ et u; v est propre, donc $v(E)$ est un sous-espace analytique irréductible de $Y \times \mathbb{P}^r$. On dit que $f_1, \ldots, f_r$ sont <u>analytiquement</u> p-<u>indépendantes</u> si $\dim_{\mathbb{C}} v(E) = \dim_{\mathbb{C}} Y + r$. En particulier, comme $\dim_{\mathbb{C}} v(E) \leq \dim_{\mathbb{C}} E = \dim_{\mathbb{C}} X$ il s'ensuit $r \leq \dim_{\mathbb{C}} X - \dim_{\mathbb{C}} Y$.

Si l'une des f_j est identiquement nulle ou $\dim_{\mathbb{C}} v(E) < \dim_{\mathbb{C}} Y + r$ on dit que $f_1, \ldots, f_r$ sont <u>analytiquement</u> p-<u>dépendantes</u>.

Remarquons que pour vérifier l'égalité $\dim_{\mathbb{C}} v(E) = \dim_{\mathbb{C}} Y + r$ il suffit de la vérifier en un point de $v(E)$. Il s'ensuit

<u>Proposition</u> 3. <u>Soient</u> $U \subset Y$ <u>un ouvert</u>, Z <u>une composante irréductible de</u> $p^{-1}(U)$ <u>et</u> $p_1 = p_{|Z} : Z \to p(Z)$. <u>Si</u> $f_1, \ldots, f_r$ <u>sont analytiquement</u> p-<u>indépendantes leurs restrictions à</u> Z <u>sont analytiquement</u> p_1-<u>indépendantes</u>.

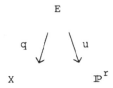

Preuve. En effet, d'après le lemme 2, $p(Z)$ est une composante irréductible de U. Au-dessus de Z il y a une et une seule composante irréductible E_Z de $E_{|U}$. On a alors un diagramme commutatif

$$\begin{array}{ccccc} & & E_Z & & \\ & \swarrow^{q_1} & & \searrow^{v_1} & \\ Z & & & & p(Z)\times \mathbb{P}^r \\ & \searrow^{p_1} & & \swarrow & \\ & & p(Z) & & \end{array}$$

obtenu de p et $f_{1|Z},\ldots,f_{r|Z}$. Comme v_1 est la restriction de v, d'après le lemme 2 $v_1(Z)$ est une composante irréductible de $v(E)_{|U}$; on a donc $\dim_{\mathbb{C}} v_1(E_Z) = \dim_{\mathbb{C}} v(E) = \dim_{\mathbb{C}} Y + r = \dim_{\mathbb{C}} p(Z) + r$ d'où le résultat.

Le morphisme $p:X \longrightarrow Y$ induit une injection des corps des fonctions méromorphes $\mathcal{M}(Y) \longrightarrow \mathcal{M}(X)$.

On dit que les fonctions méromorphes $f_1,\ldots,f_r$ sur X sont <u>algébriquement</u> p-<u>indépendantes</u> (respectivement p-<u>dépendantes</u>) si elles sont algébriquement indépendantes (réspectivement dépendantes) sur $\mathcal{M}(Y)$. Le théorème suivant est dû à Andreotti et Stoll ([10]).

<u>Théorème</u> 4. <u>Les fonctions méromorphes sur</u> X, $f_1,\ldots,f_r$ <u>sont analytiquement</u> p-<u>indépendantes si et seulement si elles sont algébriquement</u> p-<u>indépendantes</u>.

Notons $t(X,Y)$ le degré de transcendence de $\mathcal{M}(X)$ sur $\mathcal{M}(Y)$. Le théorème 4 et le lemme 2 donnent comme consequence le

<u>Théorème</u> 5. <u>On a</u> $t(X,Y) \leq \dim_{\mathbb{C}} X - \dim_{\mathbb{C}} Y$.

Ce théorème est donc l'équivalent relatif du théorème de Siegel et Remmert.

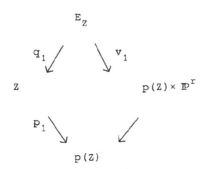

Dans la suite on va utiliser les lemmes suivants:

Lemme 6. Soit $p:X \longrightarrow Y$ un morphisme propre d'espaces analytiques réduits. Tout point $y \in Y$ admet une famille $\{U_{n,k}\}_{n,k\in \mathbb{N}}$ de voisinages ouverts de Stein, semi-analytiques, tels que

1) pour tout $(n,k) \in \mathbb{N} \times \mathbb{N}, \bar{U}_{n,k}$ est un compact de Stein

2) la famille $\{U_{n,0}\}_{n\in \mathbb{N}}$ est un système fondamental de voisinages de Y

3) pour tout n fixé, la famille $\{U_{n,k}\}_{k>0}$ est un système fondamental de voisinages de $\bar{U}_{n,0}$

4) le nombre des composantes irréductibles de $p^{-1}(U_{n,k})$ est fini et indépendant de n et k.

Preuve. Soit $f:X' \longrightarrow X$ la normalisation de X; pour tout ouvert $U \subset Y$, $f^{-1}(X_{|U})$ est le normalisé de $X_{|U}$ et il y a une correspondance bijective entre les composantes irréductibles de $f^{-1}(X_{|U})$ et celles de $X_{|U}$ (pour un espace normal les composantes irréductibles sont exactement les composantes connexes).

On peut donc supposer que X est normal. Soit $F = p_{\star}\mathcal{O}_X$; on peut trouver une famille de voisinages ouverts de Stein de y, satisfaisant à 1), 2), 3) telle que les restrictions $\Gamma(U_{n,k}, F) \longrightarrow F_y$ soient injectives ([32], [36]). Soit T une composante connexe de $p^{-1}(U_{n,k})$; si l'on avait $T \cap p^{-1}(y) = \emptyset$, une fonction holomorphe sur $p^{-1}(U_{n,k})$ égale à 1 sur T et 0 ailleurs serait un élément non nul de $\Gamma(U_{n,k}, F)$ ayant une image nulle dans F_y.

Il s'ensuit que toute composante connexe, donc toute composante irréductible de $p^{-1}(U_{n,k})$ rencontre $p^{-1}(y)$. Le nombre des composantes irréductibles de $p^{-1}(U_{n,k})$ est alors égal au nombre des composantes connexes de $p^{-1}(y)$, donc on a 4).

Lemme 7. Soient $p:X \longrightarrow Y$ un morphisme propre d'espaces analytiques réduits, U un ouvert relativement compact semi-analytique de Y tel que $\bar{U}$ soit aussi semi-analytique. Alors $p^{-1}(U)$ a un nombre fini de composantes irréductibles.

Il est maintenant assez naturel de donner la définition suivante.

Soit $p:X \longrightarrow Y$ un morphisme propre d'espaces analytiques. On dit que X est un espace de Moišezon relativement à p (ou à Y) si pour tout $y \in p(X)$ il existe un voisinage ouvert de Stein U de y dans Y vérifiant les propriétés suivantes:

(M_1) $(X_{|U})_{red}$ a un nombre fini de composantes irréductibles $X_1,\ldots,X_r$

(M_2) si $Y_j = p(X_j)$ on a $t(X_j,Y_j) = \dim_{\mathbb{C}} X_j - \dim_{\mathbb{C}} Y_j, j = 1,\ldots,r.$

On dira aussi que X est p-Moišezon ou Y-Moišezon.

Si U est un voisinage ouvert de Stein de y dans Y satisfaisant à (M_1) et (M_2), on dira de manière abrégée que U vérifie (M) au point y pour p.

Dans les conditions de la définition, soit W un autre voisinage de y, $W \subset U$, tel que $(X_{|W})_{red}$ ait aussi un nombre fini de composantes irréductibles. On va voir que W aussi vérifie (M) au point y pour p. Pour cela on peut supposer X réduit et normal. Soient $X_1,\ldots,X_\ell$ ($\ell \leq r$) les composantes irréductibles (i.e. connexes) de $X_{|U}$ qui rencontrent $X_{|W}$; chaque composante connexe de $X_{|W}$ est une composante connexe de $X_{j|W}$ pour j convenable, $1 \leq j \leq \ell$. Il suffit donc de prouver que si Z est une composante connexe de $X_{j|W}$, on a $t(Z,p(Z)) = \dim_{\mathbb{C}} Z - \dim_{\mathbb{C}} p(Z)$. Mais ceci provient de la proposition 3.

En résumant, au moyen du lemme 6 on trouve

Lemme 8. Soit $p:X \longrightarrow Y$ un morphisme propre d'espaces analytiques tel que X soit p-Moišezon. Pour tout point $y \in Y$ il existe un voisinage de Stein U de y et un système fondamental de voisinages de

Stein semi-analytiques $\{U_n\}_{n\in\mathbb{N}}$ de $\bar{U}$, tels que:

1) U et U_n, $n\in\mathbb{N}$, vérifient (M) au point y pour p

2) $\bar{U}$ et $\bar{U}_n$, $n\in\mathbb{N}$, sont des compacts de Stein

3) $p^{-1}(U)_{red}$ et $p^{-1}(U_n)_{red}$, $n\in\mathbb{N}$ ont le même nombre de composantes irréductibles.

Le lemme précédent en particulier permet de voir que notre définition d'espace de Moišezon relatif coïncide avec la definition de (A)-espace due à Moisezon ([71]).

Exemples 1) Si Y est un point, X est Y-Moišezon si et seulement si il est un espace de Moisezon;

2) si $p:X\to Y$ est une modification, X est p-Moišezon;

3) si $p:X\to Y$ est un morphisme fini, X est p-Moišezon;

4) si $p:X\to Y$ est un morphisme projectif, X est p-Moišezon;

5) soient Y un espace de Stein, Z un S_Y-espace algèbrique propre et de type fini (II, § 1); alors Z^{an} est Y-Moišezon. C'est une conséquence du lemme de Chow et de l'exemple précédent.

Théorème 9. Soit $p:X\to Y$ un morphisme propre d'espaces analytiques avec X réduit et irréductible et Y de Stein. Supposons qu'on ait $t(X,p(X)) = \dim_{\mathbb{C}}X - \dim_{\mathbb{C}}p(X)$. Alors il existe un diagramme commutatif

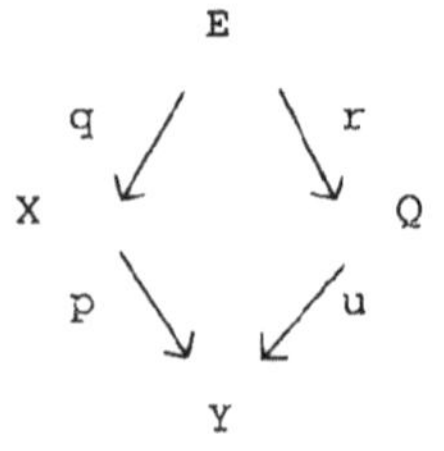

où q et r sont des modifications et pour tout ouvert V de Y tel que $\bar{V}$ soit un compact de Stein le morphisme induit $Q_{|V}\to V$ est projectif.

<u>Preuve</u>. On peut supposer $p(X) = Y$ (donc Y irréductible). Soient $g_1,\ldots,g_n \in \mathcal{M}(X)$ formant une base de transcendence de $\mathcal{M}(X)$ sur $\mathcal{M}(Y)$, $(n = \dim_{\mathbb{C}} X - \dim_{\mathbb{C}} Y)$. On construit le diagramme commutatif

$$\begin{array}{ccccc} & & E & & \\ & {\scriptstyle q}\swarrow & & \searrow{\scriptstyle v} & \\ X & & & & Y \times \mathbb{P}^n \\ & {\scriptstyle p}\searrow & & \swarrow & \\ & & Y & & \end{array}$$

à partir de p et de $g_1,\ldots,g_n$. Comme $g_1,\ldots,g_n$ sont analytiquement p-indépendantes (théorème 4) on a $\dim_{\mathbb{C}} v(E) = \dim_{\mathbb{C}} Y + n = \dim_{\mathbb{C}} X = \dim_{\mathbb{C}} E$. Il s'ensuit que v est surjectif. Envisageons la factorisation de Stein de v:

$$\begin{array}{ccc} E & \xrightarrow{v} & Y \times \mathbb{P}^n \\ {\scriptstyle r}\searrow & & \swarrow{\scriptstyle s} \\ & Q & \end{array}$$

où s est un morphisme fini et r est une modification. En composant s avec le projection de $Y \times \mathbb{P}^n$ sur Y on obtient un morphisme $u: Q \longrightarrow Y$.

Soit $S_Y = \operatorname{Spec} \Gamma(Y, \mathcal{O}_Y)$; on a alors $Y \times \mathbb{P}^n = (S_Y \times \mathbb{P}^n)^{an}$. D'autre part $s_*\mathcal{O}_Q$ est une $\mathcal{O}_{Y \times \mathbb{P}^n}$-algèbre finie et l'on a $Q = \operatorname{Spec\,an} s_*\mathcal{O}_Q$ ([82], exposé 19). D'après le théorème 1 du chapitre II, $s_*\mathcal{O}_Q$ est algébrisable au-dessus de tout compact de Stein $K \subset Y$: $s_*\mathcal{O}_Q = \mathcal{F}^{an}$ au-dessus de K, $\mathcal{F}$ étant une algèbre finie sur $S_K \times \mathbb{P}^n$.

On a donc $Q = (\operatorname{Spec} \mathcal{F})^{an}$ au-dessus de K; il s'ensuit que le morphisme $Q_{|V} \longrightarrow V$ est projectif, puisque $\operatorname{Spec} \mathcal{F} \longrightarrow S_K$ est projectif.

<u>Théorème</u> 10. <u>Soit</u>

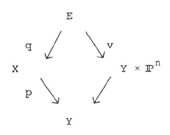

$$\begin{array}{ccc} X & \xrightarrow{g} & Z \\ & p\searrow \quad \swarrow f & \\ & Y & \end{array}$$

un diagramme commutatif de morphismes propres d'espaces analytiques réduits. Si X *est p-Moišezon* $g(X)$ *est* f-*Moišezon*.

Preuve. Soit $y \in Y$. On peut supposer, pour simplifier les notations que Y satisfait (M) pour p en y. De plus, on peut supposer X,Z et Y irréductibles, et p,g,f surjectifs. On a alors $t(X,Y) = t(Z,Y) + t(X,Z)$. Posons $\ell = \dim_{\mathbb{C}} X$, $m = \dim_{\mathbb{C}} Z$, $n = \dim_{\mathbb{C}} Y$. On a $t(X,Y) = \ell - n$ par hypothèse et $t(Z,Y) \leq m - n$, $t(X,Z) \leq \ell - m$ d'après le théorème 5. On doit donc avoir $t(Z,Y) = m - n$ puisque autrement l'égalité $t(X,Y) = t(Z,Y) + t(X,Z)$ donnerait $\ell - n < m - m + \ell - n = \ell - n$.

Corollaire 11. *Soit* $p:X \to Y$ *un morphisme surjectif d'espaces analytiques réduits. Si* X *est un espace de Moišezon*, Y *l'est aussi*.

Corollaire 12. *Si* $p:X \to Y$ *est un morphisme propre d'espaces analytiques, pour tout* $\mathcal{O}_X$*-module cohérent* F *cohomologiquement p-ample*, Supp F *est* p-*Moišezon*.

Preuve. Le morphisme $\pi : \mathbb{P}(F) \to Y$ est projectif localement par rapport à Y, donc $\mathbb{P}(F)$ est Y-Moišezon. Comme Supp $F = \pi(\mathbb{P}(F))$, la conclusion résulte du théorème 10.

Théorème 13. *Soient* $p:X \to Y$ *un morphisme propre d'espaces analytiques*, Z *un sous-espace analytique fermé de* X. *Si* X *est p-Moišezon*, Z *est* $p_{|Z}$*-Moišezon*.

Preuve. Soit $y \in Y$. On peut supposer que Y satisfait à (M) pour p en y, que p est surjectif, X,Y,Z sont réduits et irréductibles et Y est de Stein.

D'après le théorème 9 il existe un diagramme commutatif

$$\begin{array}{ccccc} & & E & & \\ & {}^{q}\swarrow & & \searrow^{r} & \\ X & & & & Q \\ & {}_{p}\searrow & & \swarrow_{u} & \\ & & Y & & \end{array}$$

où q et r sont des modifications et u peut être supposé projectif (quitte à remplacer Y par un voisinage U de y plus petit; d'après le lemme 8 on peut prendre U tel que $X_{|U}$ soit encore irréductible). E est $p \circ q$-Moišezon; d'après le théorème 10 il suffit de prouver que $q^{-1}(Z)$ est $p \circ q$-Moišezon, donc on est ramené au cas $E = X$ i.e. au cas où q est l'identité. D'après le lemme de Chow il existe (quitte à restreindre Y) un diagramme commutatif

$$\begin{array}{ccc} X_o & \xrightarrow{h} & X \\ & {}_{g}\searrow \quad \swarrow_{r} & \\ & Q & \end{array}$$

où g est un éclatement et h est surjectif. Alors $u \circ g$ est projectif, donc tout sous-espace analytique de X_o est $u \circ g$-Moišezon d'après GAGA. Il s'ensuit que $h^{-1}(Z)$ est $u \circ g$-Moisezon, donc Z

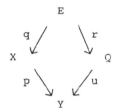

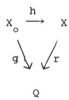

est $p_{|Z}$-Moišezon d'après le théorème 10.

Corollaire 14. Tout sous-espace analytique fermé d'un espace de Moišezon est de Moišezon.

Corollaire 15. Soit $p:X \to Y$ un morphisme propre d'espaces analytiques tel que X soit p-Moišezon. Pour tout $y \in Y$ la fibre $p^{-1}(y)$ est un espace de Moišezon.

Corollaire 16. Soit $f:(Y',X') \to (Y,X)$ une modification analytique. Alors Y' est Y-Moišezon.

§ 2. Théorèmes d'algébrisation.

1. Dans ce paragraphe nous voulons établir une forme relative du théorème d'algébrisation des espaces de Moišezon. Précisément

Théorème 17. Soit $p:X \to Y$ un morphisme propre d'espaces analytiques tel que X soit de Moišezon relativement à p. Pour tout $y \in Y$ il existe un voisinage ouvert de Stein V de y et un S_V-espace algébrique Z propre et de type fini, tel que Z^{an} soit V-isomorphe à $X_{|V}$.

On posé comme d'habitude $S_V = \operatorname{Spec} \Gamma(V,\mathcal{O}_Y)$.

En vue de la démonstration du théorème, commençons par fixer la terminologie. Si X est un espace analytique au-dessus d'un espace de Stein Y, on dira que X est Y-algébrisable s'il existe un espace algébrique Z propre et de type fini sur S_Y, tel que Z^{an} soit Y-isomorphe à X; si X' est un autre espace analytique Y-algébrisable, un Y-morphisme $X' \longrightarrow X$ sera dit Y-algébrisable s'il provient d'un S_Y-morphisme algébrique $Z' \longrightarrow Z$, Z' étant un S_Y-espace algébrique tel que $Z'^{an} \simeq X'$.

Soit $q:X' \longrightarrow X$ une modification d'espaces analytiques sur Y, et soient X'_o et X_o deux sous-espaces analytiques fermés de X' et X respectivement, tels que q induise un isomorphisme de $X'\setminus X'_o$ sur $X\setminus X_o$. Notons X'_n (X_n) le n-ième voisinage infinitésimal de X'_o (X_o) dans X' (X). Alors

Lemme 18. Supposons que pour tout $n \geq 0$ X'_n et X_n soient Y-algebrisables. Pour tout compact de Stein K de Y, X' est algébrisable au voisinage de K si et seulement X l'est.

Preuve. Soient Z'_n et Z_n les algébrisés de X'_n et X_n respectivement $(n \in \mathbb{N})$. D'après le corollaire 3 du chapitre II les plongements $X'_n \longrightarrow X'_{n+1}$, $X_n \longrightarrow X_{n+1}$ s'algébrisent au voisinage de K pour tout $n \in \mathbb{N}$; les familles des Z'_n et des Z_n déterminent donc respectivement deux S_K-espaces algébriques formels $\mathcal{Z}'$ et $\mathcal{Z}$; les morphismes $X'_n \longrightarrow X_n$ induits par q s'algébrisent aussi, au voisinage de K, donnant un morphisme $\mathcal{Z}' \longrightarrow \mathcal{Z}$ qui est une S_K-modification formelle d'après la proposition 3 du chapitre III et GAGA.

Si X' est algébrisable au voisinage de K, on a $X' \simeq Z'^{an}$ où Z'^{an} est un S_K-espace algébrique, Z'_o se plonge dans Z' et le complété formel de Z' le long de Z'_o est isomorphe à $\mathcal{Z}'$. D'après le théorème d'existence des contractions du chapitre IV (§ 1) (Théorème C algébrique) il existe une modification de S_K-espaces algébriques $(Z'_o,Z') \longrightarrow (Z_o,Z)$ tel que le complété formel de Z le long de Z_o est isomorphe à $\mathcal{Z}$. D'après le théorème 7 (b) du chapitre III on a alors que Z^{an} est Y-isomorphe (au voisinage de K) à X. Réciproquement au moyen du théorème 7 (a) du chapitre III on prouve que si X est algébrisable au voisinage de K, X' l'est aussi.

2. Revenons au théorème 17. Soit U un voisinage ouvert, rela-

tivement compact, de Stein, de y, satisfaisant (M) en y pour p. Posons $n = \dim_{\mathbb{C}} X_{|U}$. Soient $\mathcal{N} \subset \mathcal{O}_X$ l'idéal des éléments nilpotents et r un entier tel que $\mathcal{N}^r{}_{|U} = 0$. D'après le lemme 8 on peut supposer que U soit semi-analytique , que $\bar{U}$ soit un compact de Stein ayant un système fondamental de voisinages de Stein semi-analytiques $\{U_k\}_{k\in \mathbb{N}}$ tel que $\bar{U}_k$ soit un compact de Stein et enfin que $p^{-1}(U)_{red}$ et $p^{-1}(U_k)_{red}$ aient un nombre fini de composantes irréductibles pour tout $k \in \mathbb{N}$.

<u>Preuve du théorème</u> 17. On va montrer d'abord qu'il suffit de démontrer le théorème dans le cas où $(X_{|U})_{red}$ est irréductible . Soient $C_1,..,C_r$ les composantes irréductibles de $(X_{|U})_{red}$ et soit $I_j \subset \mathcal{O}_X$ le faisceau des sections qui s'annulent en dehors de $\bigcup_{i\neq j} C_i$. Soient X_j le sous-espace analytique fermé de X défini par I_j et Y la réunion des intersections $C_i \cap C_j$, $i \neq j$. Le morphisme naturel $f:\coprod_j X_j \to X$ ($\coprod$ réunion disjointe) est une modification et l'on a $\dim_{\mathbb{C}} Y = \dim_{\mathbb{C}} f^{-1}(Y) < \dim_{\mathbb{C}} X$. Si l'on sait algébriser tous les X_j, une récurrence sur la dimension des espaces en question, le lemme 18 et le théorème C algébrique (IV, § 1) assurent qu'on peut algébriser $X_{|U}$.

Considerons l'assertion:

$(A_{n,m})$:X est algébrisable au voisinage de $\bar{U}$ si $\dim_{\mathbb{C}} X_{|U} = n$ et $\mathcal{N}^m = 0$ au dessus de $\bar{U}$.

Il est clair que $(A_{o,m})$ est vraie pour tout $m \in \mathbb{N}$.

Il suffit alors de prouver les deux implications:

a) $A_{s,m}$ pour $s < n$ et pour tout m implique $A_{n,1}$

b) $A_{n,m}$ implique $A_{n,m+1}$.

Considérons l'implication a). On a $m = 1$, donc X est réduit et on peut supposer aussi qu'il est irréductible au voisinage de $\bar{U}$. D'après le théorème 9 il existe un diagramme commutatif

$$\begin{array}{ccccc} & & E & & \\ & {\scriptstyle q}\swarrow & & \searrow{\scriptstyle r} & \\ X_{|V} & & & & Q \\ & {\scriptstyle p}\searrow & & \swarrow{\scriptstyle u} & \\ & & V & & \end{array}$$

où V est un voisinage ouvert de Stein de $\bar{U}$ dans Y, q et r sont des modifications et u est un morphisme projectif. Alors Q est algébrisable d'après GAGA (II, Cor. 2), tous les sous-espaces analytiques de E et Q de dimension $< n$ sont algébrisable puisque $A_{s,m}$ est vraie si $s < n$; donc E est algébrisable d'après le lemme 18. Avec le même procédé on peut algébriser $X_{|V}$, i.e. on a $A_{n,1}$ pour X.

Prouvons maintenant l'implication b). Pour simplifier les notations, notons encore Y un voisinage de $\bar{U}$ du type U_k, susceptible d'être restreint (le plus souvent sans le dire explicitement), et écrivons X au lieu de $X_{|U_k}$.

On a $\mathcal{N}^{m+1} = 0$; le sous-espace analytique R défini par $\mathcal{N}^m$ est Y-algébrisable d'après $A_{n,m}$. D'après le lemme de Chow il existe un diagramme commutatif

$$\begin{array}{ccc} P & \xrightarrow{h} & R \\ & {\scriptstyle g}\searrow \; \swarrow{\scriptstyle p_1} & \\ & Y & \end{array}$$

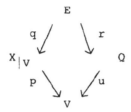

où $p_1 = p_{|R}$, g est projectif et h est l'éclatement de R en un sous-espace analytique fermé T. Si Q est l'éclatement de T dans X, on obtient un plongement fermé $P \to Q$, défini par un idéal de carré nul (P est isomorphe au transformé strict de R dans Q (II, § 3)). D'après le lemme 18 on peut remplacer R et X par P et Q respectivement; on peut donc supposer que R soit un sous-espace analytique fermé de $Y \times \mathbb{P}^N$ (N entier convenable), p_1 étant la projection sur Y. D'après GAGA, R est l'espace analytique associé à un S_Y-schéma propre de présentation finie, et N^m, vu comme faisceau cohérent sur R, est algébrisable.

Soit $f \in \Gamma(Y \times \mathbb{P}^N, \mathcal{O}_{Y \times \mathbb{P}^N}(k))$, k entier positif convenable, tel que $W = R_f = \{x \in R : f(x) \neq 0\}$ soit dense dans R, et posons $T = R \backslash W$. La restriction de p à W est un morphisme affine. Si F est un $\mathcal{O}_X$-module cohérent on définit le faisceau $F_{X,T}$ des sections de F méromorphes sur T: une section de $F_{X,T}$ sur un ouvert V de X est un élément $s \in \Gamma(V \backslash T, F)$ tel que pour tout $x \in T \cap V$ et tout $g \in \mathcal{O}_{X,x}$ s'annulant sur T il existe un entier ℓ tel que $g^\ell s$ s'étend à un élément de F_x. On a le

<u>Lemme</u> 19. <u>Soient</u> Y <u>un espace de Stein</u>, Z <u>un</u> S_Y-<u>schéma propre, localement de présentation finie</u>, $p: Z \to S_Y$ <u>le morphisme structural</u>, W <u>un ouvert de Zariski de</u> Z, <u>affine sur</u> S_Y <u>et</u> $T = Z \backslash W$. <u>Soient</u> $i: W \to Z$ <u>l'immersion ouverte et</u> $q = p \circ i$. <u>Pour tout</u> $\mathcal{O}_Z$-<u>module cohérent</u> F <u>on a</u>

(i) $F^{an}_{X,T} \simeq (i_* i^* F)^{an}$

(ii) $R^\ell p^{an}_* F^{an}_{X,T} = 0$ <u>pour</u> $\ell \geq 1$

(iii) $p^{an}_* F^{an}_{X,T} = q_*(i^* F)$.

<u>Preuve du lemme</u> 19. Comme i est un morphisme affine, une suite spectrale donne des isomorphismes $R^\ell p_*(i_* i^* F) \simeq R^\ell q_*(i^* F)$ pour tout $\ell \geq 0$. En particulier, $p_*(i_* i^* F) \simeq q_*(i^* F)$. D'autre part q est affine et $i^* F$ est cohérent sur W, donc on obtient $R^\ell p_*(i_* i^* F) = 0$ pour $\ell \geq 1$. Si l'on a (i) on déduit alors (ii) et (iii) au moyen d'un théorème de comparaison GAGA pour la cohomologie des faisceaux quasi-cohérents ([23]). Il ne reste donc qu'à prouver (i). On suppose pour simplifier les choses que T soit défini par une seule équation f =

(c'est dans cette situation qu'on va appliquer le lemme). Mais dans ce cas on a des isomorphismes naturels

$$(i_\star i^\star F)_z \overset{\sim}{\to} F_z[1/f] \overset{\sim}{\to} F_{X,T,z}$$

où

$$F_z[1/f] = \{s/f^k \ : \ s \in F_z,\ k \in \mathbb{N}\}.$$

Revenons à la preuve du théorème 17. Le lemme précédent implique $R^1p_\star N^m_{X,T} = 0$. Envisageons la suite

$$0 \longrightarrow N^m_{X,T} \longrightarrow \mathcal{O}_{X,T} \longrightarrow \mathcal{O}_{R,T} \longrightarrow 0.$$

C'est une suite exacte, comme on le vérifie aisément.

On en déduit que la suite

$$0 \longrightarrow p_\star N^m_{X,T} \longrightarrow p_\star\mathcal{O}_{X,T} \longrightarrow p_\star\mathcal{O}_{R,T} \longrightarrow 0$$

est aussi exacte.

Si K est un compact de Stein dans Y, on a $H^1(K,p_\star N^m_{X,T}) = 0$ puisque la cohomologie sur les compacts commute aux limites inductives, et d'après le (iii) du lemme précédent, $p_\star N^m_{X,T}$ est une limite inductive de faisceaux cohérents. On obtient alors la suite exacte

$$(\star) \quad 0 \longrightarrow \Gamma(H,N^m_{X,T}) \longrightarrow \Gamma(H,\mathcal{O}_{X,T}) \longrightarrow \Gamma(H,\mathcal{O}_{R,T}) \longrightarrow 0$$

où $H = p^{-1}(K)$. Ecrivons encore X au lieu de H.

Il existe des sections $g_1,\dots,g_r \in \Gamma(X,\mathcal{O}_{R,T})$ telles que l'application de R_f dans $Y \times \mathbb{C}^r$ obtenue de p et $g_1,\dots,g_r$ soit un plongement fermé. Il existe en outre des sections $g_{r+1},\dots,g_n \in \Gamma(X,\mathcal{O}_{R,T})$ dont les restrictions à $\Gamma(X,N^m_{X,T})$ engendrent celui-ci en tant que $\Gamma(X,\mathcal{O}_{R,T})$-module (ceci est une conséquence du lemme 19). D'après la suite $(\star)$ on peut relever $g_1,\dots,g_n$ à des sections $\tilde{g}_1,\dots,\tilde{g}_n$ de $\Gamma(X,\mathcal{O}_{X,T})$; il est clair que p, $\tilde{g}_1,\dots,\tilde{g}_n$ définissent une application méromorphe de X dans $Y \times \mathbb{P}^n$; si E est le graphe de cette application, on a un diagramme commutatif

$$\begin{array}{ccccc} & & E & & \\ & \overset{q}{\swarrow} & & \overset{u}{\searrow} & \\ X & & & & X' \\ & \underset{p}{\searrow} & & \underset{v}{\swarrow} & \\ & & Y & & \end{array}$$

où v est un morphisme projectif et q, u sont des modifications.

A ce moment au moyen des hypothèses de récurrence et du lemme 18 on démontre qu'on peut algébriser E et enfin X.

La preuve du théorème 17 est ainsi achevée.

Comme consequence du théorème on obtient que toute modification analytique est relativement algébrisable, précisément:

Théorème 20. *Soit* $f:X' \to X$ *une modification analytique. Pour tout* $x \in X$ *il existe un voisinage ouvert de Stein* V *de* x *et une modification d'espaces algébriques* $g:Z \to S_V$ *telle que* Z^{an} *soit V-isomorphe à* X'.

Le théorème 17 et le lemme de Chow algébrique donnent immédiatement le

Théorème 21 (*Lemme de Chow local*). *Soit* $f:X' \to X$ *un morphisme d'espaces analytiques tel que* X' *soit de Moišezon relativement à* f. *Tout point de* X *admet un voisinage ouvert* V *tel qu'il existe un diagramme commutatif*

$$\begin{array}{ccc} P & \xrightarrow{h} & X'_{|V} \\ & {\scriptstyle g}\searrow \quad \swarrow{\scriptstyle f} & \\ & V & \end{array}$$

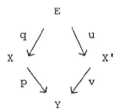

où g *est projectif et* h *est un éclatement. Si de plus* f *est une modification analytique, on peut trouver un diagramme commutatif tel que* g *aussi soit un éclatement.*

Une autre application du théorème 17 est la suivante. Si Z est un espace annelé notons $L(Z)$ l'ensemble des classes d'isomorphismes des faisceaux localement libres de rang fixé sur Z.

Soient $f:X' \longrightarrow X$ une modification analytique, $M' \subset X'$, $M \subset X$ des sous-espaces analytiques fermés tels que f induise un isomorphisme de $X'\setminus M'$ sur $X\setminus M$. Notons $\hat{M}'$ et $\hat{M}$ les complétés formels de X' le long de M' et de X le long de M respectivement.

Si $y \in M$, on a une application naturelle

$$\rho : \lim \operatorname{ind} L(X'_{|U}) \longrightarrow \lim \operatorname{ind} L(\hat{M}'_{|V})$$

où U parcourt les voisinages ouverts de y dans X, et V les voisinages ouverts de y dans M. Dans ces conditions on a le

Théorème 22. *L'application* ρ *est bijective.*

Pour la démonstration voir [3] (et [50] pour le cas algébrique).

§ 3. *Applications.*

1. La première application des résultats précédents qu'on va donner, concerne la généralisation du théorème de Fujiki au cas où le sous-ensemble analytique à contracter est de codimension quelconque.

Au préalable nous avons besoin de quelques compléments sur les faisceaux amples.

Soient X un espace analytique, F un $\mathcal{O}_X$-module cohérent, $L(F)$ le fibré linéaire associé à F (II, § 2).

Soit $f:X \longrightarrow Y$ un morphisme propre d'espaces analytiques. Au chapitre II (§ 2) nous avons donné la définition de f-amplitude et de f-amplitude cohomologique d'un $\mathcal{O}_X$-module cohérent.

Une troisieme définition liée aux précédentes (et en fait équivale-te comme on le verra d'ici à un moment) est celle de f-<u>positivité faibl</u>

On dit qu'on $\mathcal{O}_X$-module cohérent F est <u>faiblement</u> f-<u>positif</u>, si X, identifié à la section nulle de $L(F)$, est, localement sur Y, contractible le long de f. On peut caractériser les faisceaux faiblement f-positifs au moyen des <u>morphismes</u> 1-<u>convexes</u> ([57], [1]). En particulier, lorsque Y est un point on parle de faisceaux <u>faiblement positi</u>

Donc F est faiblement positif si et seulement si $L(F)$ est <u>faiblement négatif</u> au sens de Grauert ([40]).

Si F est un faisceau inversible alors les notions de f-amplitud et de f-positivité faible coïncident ([57]). En fait, aussi pour un faisceau quelconque, les notions de f-amplitude, f-amplitude cohomologique et f-positivité faible coincident. Précisément

<u>Théorème</u> 23. <u>Soient</u> $f:X \longrightarrow Y$ <u>un morphisme propre d'espaces analytiques</u>, F <u>un</u> $\mathcal{O}_X$-<u>module cohérent</u>, $P = \mathbb{P}(F)$, $p:P \longrightarrow X$ <u>la projection et</u> $L = \mathcal{O}_P(1)$. <u>Les conditions suivantes sont équivalentes</u>:

(i) L <u>est</u> f $\circ$ p-<u>ample</u>

(ii) F <u>est</u> f-<u>ample</u>

(iii) F <u>est cohomologiquement</u> f-<u>ample</u>

(iv) F <u>est faiblement</u> f-<u>positif</u>.

<u>Preuve</u>. On peut supposer $X = \operatorname{Supp} F$. Il ne reste à prouver que la équivalence entre (iii) et (iv). On va prouver que (iv) implique (iii (la réciproque a été prouvée dans [2] (th. 3.4)).

Supposons donc F cohomologiquement f-ample. D'après le corollaire 12, X est f-Moišezon. Soit $y \in Y$; il existe un voisinage ouvert de Stein V de y, relativement compact, et un S_V-espace algébrique propre et de type fini Z tel que Z^{an} soit V-isomorphe à $X_{|V}$ (théorème 17). Soient $T = L(F)$ et I l'idéal cohérent de $\mathcal{O}_T$ qui définit le plongement $i:X \longrightarrow T$ de X comme section nulle.

On a un isomorphisme naturel $I/I^2 \simeq F$ ([2], remarque pag. 51), donc I/I^2 est cohomologiquement f-ample. D'après le théorème de comparaison (II, § 1) la restriction de F à $X_{|V}$ est de la forme G^{an}, G étant un $\mathcal{O}_Z$-module cohérent. Soient $g:Z \to S_V$ le morphisme structural, $W = L(G)$, $j:Z \to W$ le plongement de Z comme section nulle, $q:W \to Z$ la projection, J l'idéal de $\mathcal{O}_W$ qui définit le plongement j. On a $W^{an} \simeq T$, $(J/J^2)^{an} \simeq I/I^2$.

D'autre part, W est un S_V-espace algébrique de type fini au moyen du morphisme $g \circ q$.

Soit K un compact de Stein, voisinage de y, $K \subset V$, et prenons S_K comme espace de base, au moyen du foncteur $\cdot \times_{S_V} S_K$; nous continuons à écrire Z au lieu de Z_K, g au lieu de g_K et ainsi de suite. D'après le théorème GAGA, pour tout $\mathcal{O}_Z$-module cohérent F on a $R^1 g_*(F \otimes S^n(J/J^2)) = 0$ pour n assez grand. D'autre part, comme il existe une projection de W sur Z, les applications de faisceaux

$$g_*(\mathcal{O}_W/J^n) \times_{g_*\mathcal{O}_Z} \mathcal{O}_{S_K} \longrightarrow \mathcal{O}_{S_K}$$

sont surjectives pour tout $n > 0$. D'après le théorème 3 du chapitre IV on peut contracter W le long de g à un S_K-espace algébrique de type fini Q. Il est alors clair que si $U = \overset{\circ}{K}$, $Q^{an}{}_{|U}$ est une contraction de $L(F)_{|U}$ le long de f.

Remarque. Dans le cas où F est localement trivial le théorème a été prouvé, avec des méthodes différentes, par M. Schneider ([81]).

Corollaire 24. Soient X un espace analytique compact, F un $\mathcal{O}_X$-module cohérent. Les propriétés suivantes sont équivalentes:

(i) F est ample

(ii) F est cohomologiquement ample

(iii) F est faiblement positif.

Corollaire 25. Soient $f:X \to Y$ un morphisme propre d'espaces analytiques, F un $\mathcal{O}_X$-module cohérent, y un point de Y. Si la restriction analytique de F à la fibre $f^{-1}(y)$ est faiblement positive, il exist[e] un voisinage ouvert U de y tel que $F|_{f^{-1}(U)}$ soit faiblement f-positif.

Preuve. D'après le théorème 23, on se ramène au cas où F est un faisceau inversible. Soit T_n le n-ième voisinage infinitésimal de $f^{-1}(y)$ dans X. D'après II (Cor. 7), tous les T_n sont des variétés projectives. Un théorème de Kuhlmann ([61], Satz 1) implique que f est projectif au voisinage de y, donc relativement algébrisable. On conclut grâce au résultat correspondant en géométrie algébrique ([44], III 4.7.1) et à GAGA.

Nous sommes maintenant en état de généraliser le théorème de Fuji[ki].

Théorème 26. Soient X' un espace analytique, $Y' \subset X'$ un sous-espace analytique fermé d'idéal I, $p:Y' \to Y$ un morphisme propre et surjectif d'espaces analytiques, $N = L(I/I^2)$ le fibré normal de Y' dans X'. On suppose

(i) pour tout $y \in Y$, $N|_{p^{-1}(y)}$ est faiblement négatif

(ii) $R^1p_*(I^k/I^{k+1}) = 0$ pour tout $k \geq 1$.

Alors il existe une modification analytique $(p,f):(Y',X') \to (Y,$

Preuve. Soit $C = \text{Spec an}\,(\bigoplus_{k>1} I^k/I^{k+1})$ le cône normal de Y' dans X'. Dans les conditions du théorème, Fujiki ([37]) prouve que la modification cherchée existe si l'on peut contracter C le long de Y' (localement par rapport à Y). On a un homomorphisme surjectif de $\mathcal{O}_{X'}$-algèbres $S(I/I^2) \to \bigoplus_{n\geq 1} I^k/I^{k+1}$, d'où un plongement fermé de C dans $L(I/I^2) = N$. D'après le corollaire 25 on peut contracter N le long de p (localement par rapport à Y) donc aussi C.

2. On veut maintenant examiner le comportement de l'amplitude par morphismes propres.

Soit $f:X \longrightarrow Y$ un morphismes d'espaces analytiques compacts. Si F est un faisceau ample sur X, $f_\star F$ n'est pas, en général ample sur Y: voir un exemple très simple dans [46]. Mais nous pouvons prouver le

Thèorème 27. Soient $f:X \longrightarrow Y$ un morphisme d'espaces analytiques compacts, F un faisceau faiblement positif sur X. Il existe un entier positif n_o tel que $f_\star S^{nn_o}(F)$ soit faiblement positif sur Y pour tout $n \geq 1$.

Pour la démonstration de ce théorème nous aurons besoin des définitions et des lemmes qui suivent.

Soit Y un espace analytique compact et F un $\mathcal{O}_Y$-module cohérent. On dit que F est engendré par ses sections globales si pour tout $y \in Y$ l'application naturelle

$$\Gamma(Y,F) \longrightarrow F_y/M_y F_y$$

est surjective (M_y désigne soit l'idéal maximal de $\mathcal{O}_{Y,y}$ soit l'idéal cohérent de $\mathcal{O}_Y$ des germes de sections nulles en y).

On dit que F sépare les points de Y si pour tout couple de points distincts $y_1, y_2 \in Y$ l'application naturelle

$$\Gamma(Y,F) \longrightarrow F_{y_1}/M_{y_1}F_{y_1} \oplus F_{y_2}/M_{y_2}F_{y_2}$$

est surjective (en particulier F est engendré par ses sections globales).

Lemme 28. Soient $f:X \longrightarrow Y$ un morphisme fini d'espaces analytiques compacts, F un faisceau inversible ample sur Y. Alors $f^\star F$ est un faisceau ample sur X.

Le lemme, bien connu, est une conséquence du fait que si G est un $\mathcal{O}_X$-module cohérent on a pour tout $n \geq 1$ un isomorphisme naturel

$$f_* G \otimes F^n \overset{\sim}{\to} f_*(G \otimes f^* F^n)$$

et pour tout $q \geq 1$ des isomorphismes

$$H^q(X, G \otimes f^* F^n) \quad H^q(Y, f_*(G \otimes f^* F^n))$$

f étant fini.

Lemme 29. *Soient Y un espace analytique compact et F un faisceau inversible sur Y engendré par ses sections globales. On suppose qu pour tout sous-espace analytique fermé Z de Y tel que $F_{|Z}$ soit trivial on ait $\dim_{\mathbb{C}} Z = 0$. Alors F est ample.*

Preuve. Les sections globales de F définissent un morphisme $r: Y \longrightarrow \mathbb{P}^N$ tel que $F = r^* \mathcal{O}_{\mathbb{P}^N}(1)$. Comme la restriction de F à chaque fibre de r est triviale, il s'ensuit que r est fini; la con clusion résulte du lemme 28.

Lemme 30. *Soient Y un espace analytique compact, F un $\mathcal{O}_Y$-module cohérent sur Y. Si F sépare les points de Y alors il est faiblement positif.*

Preuve. Soient $P = \mathbb{P}(F)$, $L = \mathcal{O}_P(1)$ $p: P \longrightarrow Y$ la projection. Comme F est engendré par ses sections globales, on a sur Y une surjection $\mathcal{O}_Y^{q+1} \longrightarrow F \longrightarrow 0$ d'où un plongement fermé $i: P \longrightarrow Y \times \mathbb{P}^q$, tel que $L = i^* \mathcal{O}_{Y \times \mathbb{P}^q}(1)$. Il s'ensuit que L est engendré par ses sections globales. On va montrer que L satisfait aux hypothèses du lemme 29.

Soit Z un sous-espace fermé de P tel que $L_{|Z}$ soit trivial. Comme la restriction de L à une fibre de p est ample, il s'ensuit que Z coupe chacune de ces fibres en un nombre fini de points. Donc si $\dim_{\mathbb{C}} Z \neq 0$, il existe une composante irréductible T de Z de dimension positive, et deux points $x_1, x_2 \in T$ tels que $y_1 = p(x_1) \neq y_2 = p(x_2)$. Comme L est p-ample, il existe une section $t_1 \in \Gamma(p^{-1}(y_1), L^k)$ (k entier convenable) tel que son image $t_1(x_1)$ dans $L^k_{x_1}/M_{x_1} L^k_{x_1}$ soit non nulle. D'autre part t_1 donne un élément $\tilde{t}_1 \in (p_\star L^k)_{y_1}$. Quitte à remplacer k par un multiple, on peut supposer que $p_\star L^k = S^k(F)$. Comme F sépare les points de Y, il en est ainsi de $S^k(F)$, donc il existe $\tilde{t} \in \Gamma(Y, S^k(F)) = \Gamma(Y, p_\star L^k)$ tel que $\tilde{t} - \tilde{t}_1 = 0 \mod M_{y_1} S^k(F)_{y_2}$ et que $\tilde{t} = 0 \mod M_{y_2} S^k(F)_{y_2}$.

Si t est la section de $\Gamma(X, L^k)$ déterminée par $\tilde{t}$, on aura $t(x_1) = t_1(x_1) \neq 0$ et $t(x_2) = 0$. Donc la restriction de t à T donne une section non triviale de $L^k{}_{|T}$, ce qui est absurde car ce faisceau est trivial et T est compact et irréductible.

Donc $\dim_{\mathbb{C}} Z = 0$ et le lemme 29 entraîne que L est ample et donc F est faiblement positif.

<u>Lemme</u> 31. <u>Soient</u> $f: X \longrightarrow Y$ <u>un morphisme d'espaces analytiques compacts,</u> F <u>un faisceau inversible ample sur</u> X, I <u>un</u> $\mathcal{O}_Y$<u>-idéal cohérent,</u> $J = I\mathcal{O}_X$ et $y \in Y$. <u>Il existe alors deux entiers</u> k_o, n_o <u>tels que</u>

$$(\star) \quad (f_\star(J^k F^{n_o n}))_y \subset I_y (f_\star F^{n_o n})_y$$

<u>pour tout</u> $k \geq k_o$ <u>et</u> $n \geq 1$.

<u>Preuve</u>. Remarquons d'abord que pour tout n fixé il existe k_o tel que $(\star)$ soit vérifiée pour tout $k \geq k_o$; il faut montrer qu'on peut trouver un k_o indépendent de n.

L'algèbre $\mathcal{O}_Y \oplus (\bigoplus_{n>0} f_\star F^n)$ est de présentation finie sur $\mathcal{O}_X$ ([87], Prop. 2.1.2), donc quitte à remplacer F par une de ses puissances on peut supposer qu'elle est engendrée, au voisinagede y, par $f_\star F$. Soient $t_1, \ldots, t_r \in (f_\star F)_y$ des générateurs et $g_1, \ldots, g_r$ les éléments correspondants dans $\Gamma(f^{-1}(y),F)$. Comme $F|_{f^{-1}(y)}$ est ample et donc F est relativement f-ample au voisinage de $f^{-1}(y)$, on peut aussi supposer que $g_1,..,g_r$ engendrent F_x pour tout $x \in f^{-1}(y)$. Soient en outre $u_1,..,u_p$ des générateurs de I au voisinage de y, et $h_1,..,h_p$ les éléments correspondants de $\Gamma(f^{-1}(y),J)$. Posons

$$\tilde{M} = \mathcal{O}_X \oplus [\bigoplus_{q\geq 1} (\bigoplus_{k+n=q} J^k F^n] .$$

Au voisinage de $f^{-1}(y)$ on peut donner à $\tilde{M}$ une structure de $\mathcal{O}_X[T_1,..,T_p,Z_1,..,Z_r]$-module gradué, en faisant opérer T_j au moyen de h_j et Z_i au moyen de g_i. Avec les tecniques de [20] (voir la démonstration du lemme 2.4) on prouve que $\tilde{M}$ est un $\mathcal{O}_X[T_1,..,T_p,Z_1,..,Z_r]$-module gradué cohérent. D'après le théorème 1 de [20], $f_*\tilde{M}$ est un $\mathcal{O}_Y[T_1,..,T_p,Z_1,..,Z_r]$-module cohérent. Soient $v_1,..,v_\ell$ des générateurs de $(f_*\tilde{M})_y$ sur $\mathcal{O}_{Y,y}[T_1,..,T_p,Z_1,..,Z_r]$. On peut supposer les v_j homogènes, $v_j \in \Gamma(f^{-1}(y),J^{k_j}F^{n_j})$.

Il suffit alors de prendre $k_o > \sup(k_1,..,k_\ell)$.

3. Nous sommes maintenant en état de prouver le théorème 27.

<u>Preuve du théorème</u> 27. En remplaçant X par $\mathbb{P}(F)$ on se ramène tout de suite au cas où F est un faisceau inversible. Nous montrons d'abord qu'il existe un entier q_o tel que $f_*F^{q_o}$ est engendré par ses sections globales.

Soient $y \in Y$, $J = M_y$ et k_o et n_o les entiers donnés par le lemme 31. Comme F est ample, on trouve que le morphisme

$$\Gamma(X,F^{n_o r}) \longrightarrow \Gamma(f^{-1}(y),F^{n_o r}/J^{k_o}F^{n_o r})$$

est surjectif pour tout r assez grand; d'après le lemme 31 on conclut que l'homomorphisme

$$\Gamma(Y,f_*F^{n_o r}) = \Gamma(X,F^{n_o r}) \longrightarrow (f_*F^{n_o r})_y/M_y(f_*F^{n_o r})_y$$

est surjectif pour r assez grand. Comme X est compact, on trouve un entier q_o tel que $f_\star F^{q_o m}$ est engendré par ses sections globales pour tout $m \geq 1$.

Soient $y_1, y_2 \in Y$ et notons $M_{y_1 y_2}$ le faisceau des germes de sections de $\mathcal{O}_Y$ nulles en y_1 et y_2 si $y_1 \neq y_2$ et nulles au moins du second ordre en y si $y = y_1 = y_2$. On utilise encore le lemme 31 pour trouver qu'il existe n_1 tel que pour tout $m \geq 1$ l'application naturelle

$$(\star\star)\ \Gamma(Y, f_\star F^{n_1 m}) \longrightarrow \Gamma(Y, f_\star F^{n_1 m} \otimes \mathcal{O}_Y / M_{y_1 y_2})$$

est surjective.

Comme (**) reste surjective si l'on remplace y_1 et y_2 par des points suffisamment voisins et $X \times X$ est compact, on trouve un entier q_1 tel que $f_\star F^{q_1 n}$ sépare les points de Y, pour tout $n \geq 1$. D'après le lemme 30, $f_\star F^{q_o q_1 n}$ est faiblement positif pour tout $n \geq 1$, ce qui prouve le théorème.

Comme conséquence du théorème 27, on peut caractériser les espaces de Moišezon comme les espaces compacts qui portent un faisceau faiblement positif de rang 1.

En outre, on peut caractériser les sous-espaces exceptionnels d'un espace analytique comme les sous-espaces analytiques qui peuvent être définis par un idéal tel que le faisceau conormal correspondant soit faiblement positif. Précisément on a

Théorème 32. Un espace analytique compact Y est un espace de Moišezon si et seulement si il existe sur Y un faisceau faiblement positif de rang 1.

Théorème 33. Soient Z un espace analytique et $Y \subset Z$ un sous-espace analytique compact. Alors Y est exceptionnel dans Z si et seulement si il existe un $\mathcal{O}_X$-idéal I définissant Y tel que I/I^2 soit un faisceau faiblement positif sur Y.

Le théorème 32 répond à une conjecture de Grauert ([40], pag. 354)

Preuve du théorème 32. Si Y est un espace de Moišezon il existe une modification analytique $f:X \longrightarrow Y$ où X est une variété projective. Soit F un faisceau inversible ample sur X; d'après le théorème 27, $f_\star F^n$ est faiblement positif pour n convenable.

La réciproque résulte du corallaire 12, compte tenu du théorème 23

Preuve du théorème 33. Si I/I^2 est faiblement positif pour un idéal de $\mathcal{O}_X$ définissant Y, Y est exceptionnel dans Z d'après Grauert.

Réciproquement, supposons Y exceptionnel dans Z et soit $g:Z \longrightarrow X$ une modification analytique telle que $g(Y) = \{x\}$. D'après le lemme de Chow il existe un diagramme commutatif

$$\begin{array}{ccc} T & \xrightarrow{f} & Z \\ & {\scriptstyle h}\searrow \quad \swarrow{\scriptstyle g} & \\ & X & \end{array}$$

où h est l'éclatement de X en un idéal J de $\mathcal{O}_X$ dont le support est $\{x\}$, et f est l'éclatement de Z en l'idéal $H = J\mathcal{O}_Z$ (dont le support est Y). L'idéal $L = H\mathcal{O}_T = J\mathcal{O}_T$ est inversible et sa restriction à $h^{-1}(x)$ est un faisceau inversible ample. On a $f_\star L^n = H^n$ pour tout entier n assez grand. De la suite exacte

$$0 \longrightarrow L^{n+1} \longrightarrow L^n \longrightarrow L^n/L^{n+1} \longrightarrow 0$$

et du fait que $R^1 f_\star L^n$ est nul sur tout compact, pour n assez grand, on tire $f_\star(L^n/L^{n+1}) = H^n/H^{n+1}$ pour n assez grand.

D'après le théorème 27 il existe un entier q tel que

$f_{\star}(L^n/L^{n+1})^q = f_{\star}(L^{nq}/L^{nq+1}) = H^{nq}/H^{nq+1}$ est faiblement positif sur Y. Soit $I = H^{nq}$. On peut considérer I/I^2 comme un faisceau cohérent sur le sous-espace analytique Y_1 de Z défini par I; sa restriction au sous-espace analytique Y_2 défini par H est justement H^{nq}/H^{nq+1}. Il s'ensuit que I/I^2 est faiblement positif.

Les théorèmes 32 et 33 ont aussi un analogue relatif qu'on laisse au lecteur le soin d'expliciter.

BIBLIOGRAPHIE

[1] Ancona V. - Un teorema di contrattibilità relativa. Boll. U.M.I 9, 785-790 (1974).

[2] Ancona V. - Espaces fibrés linéaires faiblement négatifs sur un espace complexe. T.A.M.S 215, 45-61 (1976).

[3] Ancona V. - Espaces de Moišezon relatifs et algébrisation des modifications analytiques. Math. Ann. 246, 155-165 (1980).

[4] Ancona V. - Sur l'équivalence des voisinages des espaces analytiques contractibles. Annali Univ. di Ferrara, 26, 165-172 (1980).

[5] Ancona V. - Une généralisation d'un théorème de Artin-Fujiki. Preprint, Ferrara (1980).

[6] Ancona V. - Faisceaux amples sur les espaces analytiques. A paraître dans: T.A.M.S

[7] Ancona V. et Tomassini G. - Théorèmes d'existence pour les modifications analytiques. Inv. Math. 51, 271-286 (1979)

[8] Ancona V. et Vo Van Tan - Embedding Moišezon spaces into 1-convex spaces. Math. Ann. 247, 143-147 (1980).

[9] Andreotti A. et Grauert H. - Théorèmes de finitude pour la cohomologie des espaces complexes. Bull. Soc. Math. France 90, 193-259 (1962).

[10] Andreotti A.et Stoll W. - Analytic and algebraic dependence of meromorphic functions. Lect. Notes in Math. n$^{\underline{o}}$ 234. Springer-Verlag (1971).

[11] Andreotti A. et Vesentini E. - Carleman estimates for the Lapla-

ce-Beltrami equation on complex manifolds. Publ. I.H.E.S. 25, 81-130 (1965).

[12] Arnold V.I. - Bifurcation of invariant manifolds of differential equations and normal forms in neighborhoods of elliptic curves. Funct Analysis and its applications10, 249-259 (1976).

[13] Artin M. - The implicit function theorem in algebraic geometry. International Colloquium on Algebraic Geometry, Bombay 1968. Oxford Univ. Press (1969).

[14] Artin M. - On the solution of analytic equations. Inv. Math. 5, 277-291 (1968).

[15] Artin M. - Algebraization of formal moduli: II. Existence of modifications. Ann. of Math. 91, 88-135 (1970).

[16] Artin M. - Algebraic approximation of structures over complete local rings. Publ. Math. I.H.E.S 36

[17] Artin M. - Algebraic spaces. The Whittemore Lectures, Yale University (1969).

[18] Artin M. - Théorèmes de représentabilité pour les espaces algébriques. Sém. de Math. Sup. Eté 1970. Les presses de l'Univ. de Montreal.

[19] Bǎdescu L. - Contractions rationnelles des variétés algébriques. Ann. Sc. Nor. Sup. Pisa 27, 743-747 (1973).

[20] Bǎnicǎ C. - Le complété formel d'un espace analytique le long d'un sous-espace: un théorème de comparaison. Man. math. 6, 207-244 (1972).

[21] Bǎnicǎ C. et Stanasila O. - Algebraic methods in the global theory of complex spaces. J. Wiley 1976.

[22] Beauville A. - Surfaces algébriques complexes. Astérisque 54.

[23] Bingener J. - Schemata über Steinschen Algebren. Schr. der Math. Inst. der Univ. Münster, 2^serie, Heft 10 (1976).

[24] Bingener J. - Über formale Komplexe Räume. Man. Math. 24, 253-293 (1978).

[25] Bingener J. et Flenner H. - Einige Beispiele nichtalgebraischer Singularitäten. J. für die reine und ang. Math. 305, 182-194 (1979).

[26] Bingener J. - Darstellbarkeitskriterien für analytische Funktore Ann. Sc. E.N.S. 13, 317-347 (1980).

[27] Bingener J. - On the existence of analytic contractions. Inv. Math. 64, 24-67 (1981).

[28] Bourbaki N. - Algèbre commutative III. Hermann, Paris (1961).

[29] Castelnuovo G. et Enriques F. - Sopra alcune questioni fondamentali della teoria delle superficie algebriche. Ann. di Mat . pura e appl. serie III, 6, 162-225 (1901).

[30] Cornalba M. - Two theorems on modifications of analytic spaces. Inv. Math. 20, 227-247 (1973).

[31] Cox D.A. - Algebraic tubular neighborhoods I. Math. Scand. 42, 211-228 (1978).

[32] Douady A. - Le problème des modules pour les sous-espaces analytiques compacts d'un espace analytique donné. Ann. Inst. Fourier 19, 1-99 (1966).

[33] Elkik R. - Solutions d'équations à coefficients dans un anneau hensélien. Ann. Sc. E.N.S. 6, 553-604 (1973).

[34] Fiorentini M. et Lascu A.T. - Un teorema sulle trasformazioni monoidali di spazi algebrici. Ann. Sc. Nor. Sup. Pisa v. XXVI, f. IV, 871-888 (1972).

[35] Fischer G. - Lineare Faserräume und Kohärente Modulgarben über

Komplexer Räumen. Arch. Math. (Basel) 18, 609-617 (1967).

[36] Frisch J. - Points de platitude d'un morphisme d'espaces analytiques complexes. Inv. Math. 4, 118-138 (1967).

[37] Fujiki A. - On the blowing-down of analytic spaces. Publ. R.I.M.S 10, 437-507 (1974).

[38] Fujiki A. et Nakano S. - Supplement to "On the inverse of monoidal transformations". Publ. R.I.M.S 7, 637-644 (1971-72).

[39] Giesecker R. - On two theorems of Griffiths about embeddings with ample normal bundle. Amer. J. Math. 99, 1137-1150 (1977).

[40] Grauert H. - Über Modifikationen und exzeptionnelle analytische Mengen. Math. Ann. 146, 331-368 (1962).

[41] Grauert H. et Remmert R. - Bilder und urbilder analytischer Garben. Ann. of Math. 68, 393-443 (1958).

[42] Griffiths P.A. - The extension problem in complex analysis I. Proc. of the Conference on complex analysis. Univ. of Minnesota (1964).

[43] Griffiths P.A. - The extension problem in complex analysis II. Amer. J. Math. 88, 366-446 (1966).

[44] Grothendieck A. et Dieudonné J. - Eléments de géométrie algébrique I, II, III, IV. Publ. Math. I.H.E.S 4, 8, 11, 20.

[45] Hakim M. - Topos annelés et schémas relatifs. Springer-Verlag (1972).

[46] Hartshorne R. - Ample vector bundles. Pub. Math. I.H.E.S 29, 319-394 (1966).

[47] Hartshorne R. - Cohomological dimension of algebraic varieties. Ann. Math. 88, 405-450 (1968).

[48] Hironaka H. - A fundamental lemma on point modification. Proc. Conf. Complex Analysis. Univ. of Minnesota Springer (1965).

[49] Hironaka H. - On some formal embeddings. Ill. J. Math. 12, 587-602 (1968).

[50] Hironaka H. - Formal line bundles along exceptional loci. Algebraic Geometry, Bombay 1968. Oxford Univ. Press (1969).

[51] Hironaka H. - Flattening theorem in complex analytic geometry. Amer. J. Math. 97, 503-547 (1975).

[52] Hironaka H. et Matsumura L. - Formal functions and formal embeddings. J. Math. Soc. Japan 20, 52-82 (1968).

[53] Hironaka H. et Rossi H. - On the equivalence of embeddings of the exceptional complex spaces. Math. Ann. 156, 313-333 (1964).

[54] Hirschowitz A. - Sur les plongements du type déformation. Comm. Math. Helv. 5, 126-132 (1979).

[55] Kodaira K. - On Kähler varieties of restricted type. Ann. of Math. 60, 28-48 (1954).

[56] Kazama H. - Approximation theorem and application to Nakano's vanishing theorem for weakly 1-complete manifolds. Memoirs of the Faculty of Science, Kyushu Univ. Ser. A 27, n° 2, 221-240 (1973).

[57] Knorr R. et Schneider M. - Relativexzeptionnelle analytische Mengen. Math. Ann. 193, 238-254 (1971).

[58] Knutson D. - Algebraic spaces. Lect. Notes in Math. 203. Springe

Verlag (1971).

[59] Krasnov V.A. - Formal modifications. Existence theorems for modifications of complex manifolds. Math. USSR Izvestija 7, 847-881 (1973).

[60] Krasnov V.A. - On the equivalence of embeddings of complex spaces that can be blown-down. Math. USSR Izvestija 8, 1009-10032 (1974).

[61] Kuhlmann N. - Projektive Modifikationen Komplexer Räume. Math. Ann. 139, 217-238 (1960).

[62] Kurke H., Pfister G. et Roczen M. - Henselsche Ringe und algebraische Geometrie. Berlin: VEB Deutscher Verlag der Wissenschften (1975).

[63] Ishii S. - Some projective contraction theorems. Man. Math. 22, 343-358 (1977).

[64] Iss'sa H. - On the meromorphic function field of a Stein variety. Ann. of Math. 83, 34-46 (1966).

[65] Lascu A.T. - Sous-variétés régulièrement contractibles d'une variété algébrique. Ann. Sc. Nor. Sup. Pisa 23, 675-695 (1969).

[66] Łojasiewicz S. - Sur le problème de la division. Studia Math. t. 18, 87-136 (1959).

[67] Mazur J. - Conditions for the existence of contractions in the category of algebraic spaces. Trans. AMS 209, 259-265 (1975).

[68] Moišezon B.G. - On n-dimensional compact varieties with n algebraically independent meromorphic functions I, II, III. Am. Math. Soc. Transl. 63, 51-177 (1967).

[69] Moišezon B.G. -Resolution theorems for compact complex spaces with a sufficiently large field of meromorphic functions. Math. USSR Izvestija 1, 1331-1356 (1967).

[70] Moišezon B.G. - Algebraic analogue of compact complex space with a sufficiently large field of meromorphic functions I, II, III, Math. USSR Izvestija 33, 174-238 et 323-367 (1969).

[71] Moišezon B.G. - Modifications of complex spaces and Chow Lemma. Lect. Notes in Math. 412, 133-139. Springer-Verlag (1974).

[72] Nagata M. - Existence theorem for non projective complete algebraic varieties. Ill. J. Math. 2, 490-498 (1958).

[73] Nakano S. - On the inverse of monoidal transformations. Publ. RIMS Kyoto Univ. 6, 483-502 (1970).

[74] Nakano S. - Vanishing theorems for weakly 1-complete manifolds. "Number theory, commutative algebra and algebraic geometry". Papers in honor of Y. Akizuki. Kinokuni

[75] Nakano S. - On weakly 1-complete manifolds. Manifolds Tokyo 197 323-327 Univ. of Tokyo Press (1975).

[76] Narashiman R. - The Levi problem for complex spaces. Math. Ann. 142, 355-365 (1961).

[77] Narashiman R. - Introduction to the theory of analytic spaces. Lect. Notes in Math. 25. Springer-Verlag (1966).

[78] Raynaud M. et Gruson L. - Critères de platitude et projectivité. Inv. Math. 13, 1-89 (1971).

[79] Remmert R. - Meromorphe Funktionen in Kompakten Komplexen Räumen. Math. Ann. 132, 277-288 (1956).

[80] Remmert R. - Holomorphe und meromorphe Abbildungen Komplexer Räume. Math. Ann. 133, 328-370 (1957).

[81] Schneider M. - Familien negativer Vektorraumbündel und 1-konvexe Abbildungen. Abh. Math. Sem. der Univ. Hamburg 47, 150-200 (1978).

[82] Séminaire H. Cartan 1960-1961 - Familles d'espaces complexes et fondements de la géométrie analytique. Ec. Nor. Sup. Paris (1962)

[83] Serre J.P. - Géométrie algébrique et géométrie analytique. Ann. Inst. Fourier 6, 1-42 (1955-56).

[84] Shafarevich I.R. - Lectures on minimal models and birational transformations of two dimensional schemes. Tata Inst. of fund. res. Bombay (1966).

[85] Siegel C.L. - Meromorphe Funktionen auf kompakten analytischen Mannigfaltigkeiten. Nachr. Akad. Wiss. Göttingen, 71-77 (1955).

[86] Stoll W. - Über meromorphe Abbildungen komplexer Räume I, II. Math. Ann. 136, 201-239, 393-429 (1958).

[87] Tomassini G. - Modifications des espaces complexes I. Ann. di Mat. pura e Appl. (IV), Vol. CII, 369-395 (1975).

[88] Tomassini G. - Teoremi di rappresentazione in geometria analitica. Rend. del Sem. Mat. e Fis. di Milano, Vol. XLIV, 91-94 (1974).

[89] Tomassini G. - Structure Theorems for Modifications of Complex Spaces. Rend. Sem. Mat. Univ. Padova 59, 26-37 (1979).

[90] Zak F.L. - q-finite morphisms in formal algebraic geometry. Math. USSR Izvestija 9, 27-62 (1975).

INDEX TERMINOLOGIQUE

l. 787: Potential Theory, Copenhagen 1979. Proceedings, 1979. ited by C. Berg, G. Forst and B. Fuglede. VIII, 319 pages. 1980.

l. 788: Topology Symposium, Siegen 1979. Proceedings, 1979. ited by U. Koschorke and W. D. Neumann. VIII, 495 pages. 1980.

l. 789: J. E. Humphreys, Arithmetic Groups. VII, 158 pages. 1980.

l. 790: W. Dicks, Groups, Trees and Projective Modules. IX, 127 ges. 1980.

l. 791: K. W. Bauer and S. Ruscheweyh, Differential Operators Partial Differential Equations and Function Theoretic Applicans. V, 258 pages. 1980.

l. 792: Geometry and Differential Geometry. Proceedings, 1979. ited by R. Artzy and I. Vaisman. VI, 443 pages. 1980.

l. 793: J. Renault, A Groupoid Approach to C*-Algebras. III, 160 ges. 1980.

l. 794: Measure Theory, Oberwolfach 1979. Proceedings 1979. ited by D. Kölzow. XV, 573 pages. 1980.

l. 795: Séminaire d'Algèbre Paul Dubreil et Marie-Paule Malliavin. oceedings 1979. Edited by M. P. Malliavin. V, 433 pages. 1980.

l. 796: C. Constantinescu, Duality in Measure Theory. IV, 197 ges. 1980.

l. 797: S. Mäki, The Determination of Units in Real Cyclic Sextic lds. III, 198 pages. 1980.

l. 798: Analytic Functions, Kozubnik 1979. Proceedings. Edited J. Ławrynowicz. X, 476 pages. 1980.

l. 799: Functional Differential Equations and Bifurcation. Proceedgs 1979. Edited by A. F. Izé. XXII, 409 pages. 1980.

l. 800: M.-F. Vignéras, Arithmétique des Algèbres de Quaternions. , 169 pages. 1980.

l. 801: K. Floret, Weakly Compact Sets. VII, 123 pages. 1980.

l. 802: J. Bair, R. Fourneau, Etude Géometrique des Espaces ctoriels II. VII, 283 pages. 1980.

l. 803: F.-Y. Maeda, Dirichlet Integrals on Harmonic Spaces. X, 0 pages. 1980.

l. 804: M. Matsuda, First Order Algebraic Differential Equations. , 111 pages. 1980.

l. 805: O. Kowalski, Generalized Symmetric Spaces. XII, 187 ges. 1980.

l. 806: Burnside Groups. Proceedings, 1977. Edited by J. L. Menke. V, 274 pages. 1980.

l. 807: Fonctions de Plusieurs Variables Complexes IV. Proedings, 1979. Edited by F. Norguet. IX, 198 pages. 1980.

l. 808: G. Maury et J. Raynaud, Ordres Maximaux au Sens de Asano. VIII, 192 pages. 1980.

l. 809: I. Gumowski and Ch. Mira, Recurences and Discrete namic Systems. VI, 272 pages. 1980.

l. 810: Geometrical Approaches to Differential Equations. Proedings 1979. Edited by R. Martini. VII, 339 pages. 1980.

l. 811: D. Normann, Recursion on the Countable Functionals. , 191 pages. 1980.

l. 812: Y. Namikawa, Toroidal Compactification of Siegel Spaces. , 162 pages. 1980.

l. 813: A. Campillo, Algebroid Curves in Positive Characteristic. 168 pages. 1980.

l. 814: Séminaire de Théorie du Potentiel, Paris, No. 5. Proceedgs. Edited by F. Hirsch et G. Mokobodzki. IV, 239 pages. 1980.

l. 815: P. J. Slodowy, Simple Singularities and Simple Algebraic oups. XI, 175 pages. 1980.

l. 816: L. Stoica, Local Operators and Markov Processes. VIII, 4 pages. 1980.

Vol. 817: L. Gerritzen, M. van der Put, Schottky Groups and Mumford Curves. VIII, 317 pages. 1980.

Vol. 818: S. Montgomery, Fixed Rings of Finite Automorphism Groups of Associative Rings. VII, 126 pages. 1980.

Vol. 819: Global Theory of Dynamical Systems. Proceedings, 1979. Edited by Z. Nitecki and C. Robinson. IX, 499 pages. 1980.

Vol. 820: W. Abikoff, The Real Analytic Theory of Teichmüller Space. VII, 144 pages. 1980.

Vol. 821: Statistique non Paramétrique Asymptotique. Proceedings, 1979. Edited by J.-P. Raoult. VII, 175 pages. 1980.

Vol. 822: Séminaire Pierre Lelong–Henri Skoda, (Analyse) Années 1978/79. Proceedings. Edited by P. Lelong et H. Skoda. VIII, 356 pages, 1980.

Vol. 823: J. Král, Integral Operators in Potential Theory. III, 171 pages. 1980.

Vol. 824: D. Frank Hsu, Cyclic Neofields and Combinatorial Designs. VI, 230 pages. 1980.

Vol. 825: Ring Theory, Antwerp 1980. Proceedings. Edited by F. van Oystaeyen. VII, 209 pages. 1980.

Vol. 826: Ph. G. Ciarlet et P. Rabier, Les Equations de von Kármán. VI, 181 pages. 1980.

Vol. 827: Ordinary and Partial Differential Equations. Proceedings, 1978. Edited by W. N. Everitt. XVI, 271 pages. 1980.

Vol. 828: Probability Theory on Vector Spaces II. Proceedings, 1979. Edited by A. Weron. XIII, 324 pages. 1980.

Vol. 829: Combinatorial Mathematics VII. Proceedings, 1979. Edited by R. W. Robinson et al.. X, 256 pages. 1980.

Vol. 830: J. A. Green, Polynomial Representations of GL_n. VI, 118 pages. 1980.

Vol. 831: Representation Theory I. Proceedings, 1979. Edited by V. Dlab and P. Gabriel. XIV, 373 pages. 1980.

Vol. 832: Representation Theory II. Proceedings, 1979. Edited by V. Dlab and P. Gabriel. XIV, 673 pages. 1980.

Vol. 833: Th. Jeulin, Semi-Martingales et Grossissement d'une Filtration. IX, 142 Seiten. 1980.

Vol. 834: Model Theory of Algebra and Arithmetic. Proceedings, 1979. Edited by L. Pacholski, J. Wierzejewski, and A. J. Wilkie. VI, 410 pages. 1980.

Vol. 835: H. Zieschang, E. Vogt and H.-D. Coldewey, Surfaces and Planar Discontinuous Groups. X, 334 pages. 1980.

Vol. 836: Differential Geometrical Methods in Mathematical Physics. Proceedings, 1979. Edited by P. L. García, A. Pérez-Rendón, and J. M. Souriau. XII, 538 pages. 1980.

Vol. 837: J. Meixner, F. W. Schäfke and G. Wolf, Mathieu Functions and Spheroidal Functions and their Mathematical Foundations Further Studies. VII, 126 pages. 1980.

Vol. 838: Global Differential Geometry and Global Analysis. Proceedings 1979. Edited by D. Ferus et al. XI, 299 pages. 1981.

Vol. 839: Cabal Seminar 77 – 79. Proceedings. Edited by A. S. Kechris, D. A. Martin and Y. N. Moschovakis. V, 274 pages. 1981.

Vol. 840: D. Henry, Geometric Theory of Semilinear Parabolic Equations. IV, 348 pages. 1981.

Vol. 841: A. Haraux, Nonlinear Evolution Equations- Global Behaviour of Solutions. XII, 313 pages. 1981.

Vol. 842: Séminaire Bourbaki vol. 1979/80. Exposés 543–560. IV, 317 pages. 1981.

Vol. 843: Functional Analysis, Holomorphy, and Approximation Theory. Proceedings. Edited by S. Machado. VI, 636 pages. 1981.

Vol. 844: Groupe de Brauer. Proceedings. Edited by M. Kervaire and M. Ojanguren. VII, 274 pages. 1981.

Vol. 845: A. Tannenbaum, Invariance and System Theory: Algebraic and Geometric Aspects. X, 161 pages. 1981.

Vol. 846: Ordinary and Partial Differential Equations, Proceedings. Edited by W. N. Everitt and B. D. Sleeman. XIV, 384 pages. 1981.

Vol. 847: U. Koschorke, Vector Fields and Other Vector Bundle Morphisms – A Singularity Approach. IV, 304 pages. 1981.

Vol. 848: Algebra, Carbondale 1980. Proceedings. Ed. by R. K. Amayo. VI, 298 pages. 1981.

Vol. 849: P. Major, Multiple Wiener-Itô Integrals. VII, 127 pages. 1981.

Vol. 850: Séminaire de Probabilités XV. 1979/80. Avec table générale des exposés de 1966/67 à 1978/79. Edited by J. Azéma and M. Yor. IV, 704 pages. 1981.

Vol. 851: Stochastic Integrals. Proceedings, 1980. Edited by D. Williams. IX, 540 pages. 1981.

Vol. 852: L. Schwartz, Geometry and Probability in Banach Spaces. X, 101 pages. 1981.

Vol. 853: N. Boboc, G. Bucur, A. Cornea, Order and Convexity in Potential Theory: H-Cones. IV, 286 pages. 1981.

Vol. 854: Algebraic K-Theory. Evanston 1980. Proceedings. Edited by E. M. Friedlander and M. R. Stein. V, 517 pages. 1981.

Vol. 855: Semigroups. Proceedings 1978. Edited by H. Jürgensen, M. Petrich and H. J. Weinert. V, 221 pages. 1981.

Vol. 856: R. Lascar, Propagation des Singularités des Solutions d'Equations Pseudo-Différentielles à Caractéristiques de Multiplicités Variables. VIII, 237 pages. 1981.

Vol. 857: M. Miyanishi. Non-complete Algebraic Surfaces. XVIII, 244 pages. 1981.

Vol. 858: E. A. Coddington, H. S. V. de Snoo: Regular Boundary Value Problems Associated with Pairs of Ordinary Differential Expressions. V, 225 pages. 1981.

Vol. 859: Logic Year 1979–80. Proceedings. Edited by M. Lerman, J. Schmerl and R. Soare. VIII, 326 pages. 1981.

Vol. 860: Probability in Banach Spaces III. Proceedings, 1980. Edited by A. Beck. VI, 329 pages. 1981.

Vol. 861: Analytical Methods in Probability Theory. Proceedings 1980. Edited by D. Dugué, E. Lukacs, V. K. Rohatgi. X, 183 pages. 1981.

Vol. 862: Algebraic Geometry. Proceedings 1980. Edited by A. Libgober and P. Wagreich. V, 281 pages. 1981.

Vol. 863: Processus Aléatoires à Deux Indices. Proceedings, 1980. Edited by H. Korezlioglu, G. Mazziotto and J. Szpirglas. V, 274 pages. 1981.

Vol. 864: Complex Analysis and Spectral Theory. Proceedings, 1979/80. Edited by V. P. Havin and N. K. Nikol'skii. VI, 480 pages. 1981.

Vol. 865: R. W. Bruggeman, Fourier Coefficients of Automorphic Forms. III, 201 pages. 1981.

Vol. 866: J.-M. Bismut, Mécanique Aléatoire. XVI, 563 pages. 1981.

Vol. 867: Séminaire d'Algèbre Paul Dubreil et Marie-Paule Malliavin. Proceedings, 1980. Edited by M.-P. Malliavin. V, 476 pages. 1981.

Vol. 868: Surfaces Algébriques. Proceedings 1976–78. Edited by J. Giraud, L. Illusie et M. Raynaud. V, 314 pages. 1981.

Vol. 869: A. V. Zelevinsky, Representations of Finite Classical Groups. IV, 184 pages. 1981.

Vol. 870: Shape Theory and Geometric Topology. Proceedings, 1981. Edited by S. Mardešić and J. Segal. V, 265 pages. 1981.

Vol. 871: Continuous Lattices. Proceedings, 1979. Edited by B. Banaschewski and R.-E. Hoffmann. X, 413 pages. 1981.

Vol. 872: Set Theory and Model Theory. Proceedings, 1979. Edited by R. B. Jensen and A. Prestel. V, 174 pages. 1981.

Vol. 873: Constructive Mathematics, Proceedings, 1980. Edited b F. Richman. VII, 347 pages. 1981.

Vol. 874: Abelian Group Theory. Proceedings, 1981. Edited b R. Göbel and E. Walker. XXI, 447 pages. 1981.

Vol. 875: H. Zieschang, Finite Groups of Mapping Classes c Surfaces. VIII, 340 pages. 1981.

Vol. 876: J. P. Bickel, N. El Karoui and M. Yor. Ecole d'Eté de Proba bilités de Saint-Flour IX – 1979. Edited by P. L. Hennequin. X 280 pages. 1981.

Vol. 877: J. Erven, B.-J. Falkowski, Low Order Cohomology an Applications. VI, 126 pages. 1981.

Vol. 878: Numerical Solution of Nonlinear Equations. Proceeding 1980. Edited by E. L. Allgower, K. Glashoff, and H.-O. Peitge XIV, 440 pages. 1981.

Vol. 879: V. V. Sazonov, Normal Approximation – Some Rece Advances. VII, 105 pages. 1981.

Vol. 880: Non Commutative Harmonic Analysis and Lie Group Proceedings, 1980. Edited by J. Carmona and M. Vergne. IV, 55 pages. 1981.

Vol. 881: R. Lutz, M. Goze, Nonstandard Analysis. XIV, 261 page 1981.

Vol. 882: Integral Representations and Applications. Proceeding 1980. Edited by K. Roggenkamp. XII, 479 pages. 1981.

Vol. 883: Cylindric Set Algebras. By L. Henkin, J. D. Monk, A. Tars H. Andréka, and I. Németi. VII, 323 pages. 1981.

Vol. 884: Combinatorial Mathematics VIII. Proceedings, 1980. Edite by K. L. McAvaney. XIII, 359 pages. 1981.

Vol. 885: Combinatorics and Graph Theory. Edited by S. B. Ra Proceedings, 1980. VII, 500 pages. 1981.

Vol. 886: Fixed Point Theory. Proceedings, 1980. Edited by E. Fad and G. Fournier. XII, 511 pages. 1981.

Vol. 887: F. van Oystaeyen, A. Verschoren, Non-commutative Alg braic Geometry, VI, 404 pages. 1981.

Vol. 888: Padé Approximation and its Applications. Proceeding 1980. Edited by M. G. de Bruin and H. van Rossum. VI, 383 page 1981.

Vol. 889: J. Bourgain, New Classes of $\mathcal{L}^p$-Spaces. V, 143 pages. 198

Vol. 890: Model Theory and Arithmetic. Proceedings, 1979/8 Edited by C. Berline, K. McAloon, and J.-P. Ressayre. VI, 30 pages. 1981.

Vol. 891: Logic Symposia, Hakone, 1979, 1980. Proceedings, 197 1980. Edited by G. H. Müller, G. Takeuti, and T. Tugué. XI, 394 page 1981.

Vol. 892: H. Cajar, Billingsley Dimension in Probability Space III, 106 pages. 1981.

Vol. 893: Geometries and Groups. Proceedings. Edited by M. Aign and D. Jungnickel. X, 250 pages. 1981.

Vol. 894: Geometry Symposium. Utrecht 1980, Proceedings. Edite by E. Looijenga, D. Siersma, and F. Takens. V, 153 pages. 198

Vol. 895: J.A. Hillman, Alexander Ideals of Links. V, 178 pages. 198

Vol. 896: B. Angéniol, Familles de Cycles Algébriques – Schéma c Chow. VI, 140 pages. 1981.

Vol. 897: W. Buchholz, S. Feferman, W. Pohlers, W. Sieg, Iterat Inductive Definitions and Subsystems of Analysis: Recent Pro Theoretical Studies. V, 383 pages. 1981.

Vol. 898: Dynamical Systems and Turbulence, Warwick, 198 Proceedings. Edited by D. Rand and L.-S. Young. VI, 390 pages. 19

Vol. 899: Analytic Number Theory. Proceedings, 1980. Edited M.I. Knopp. X, 478 pages. 1981.